江見農書

翻刻・現代語訳・解題

有薗正一郎

あるむ

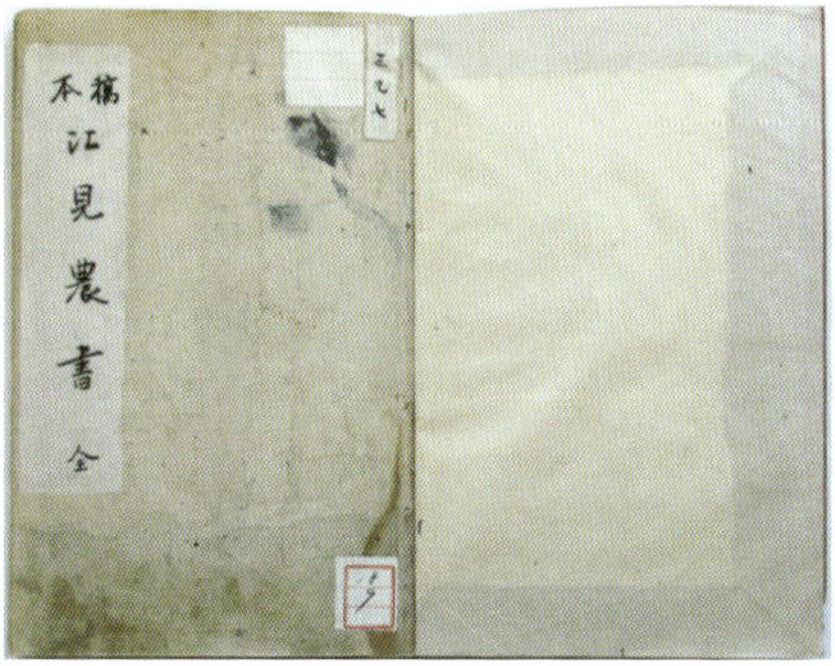

写真1　1丁表

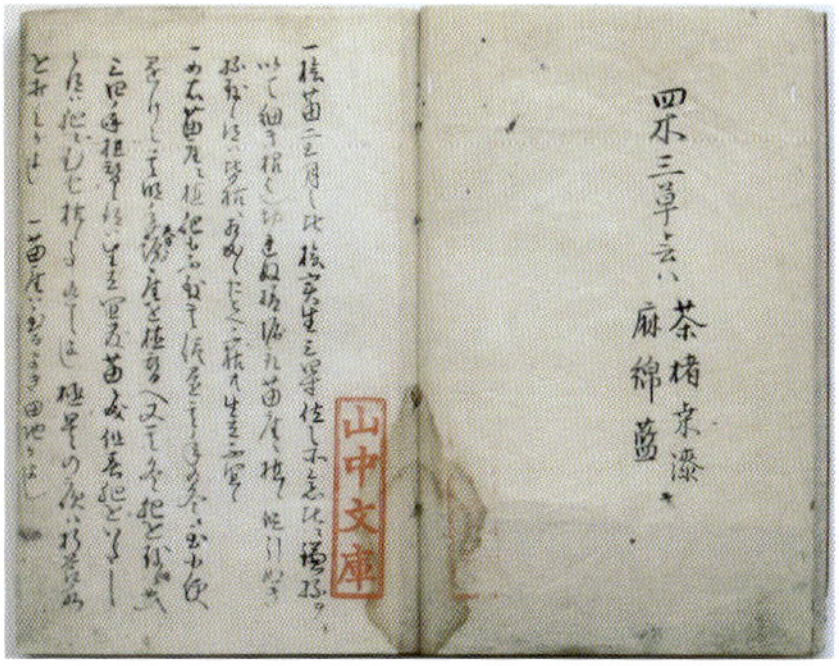

写真2　1丁裏と2丁表

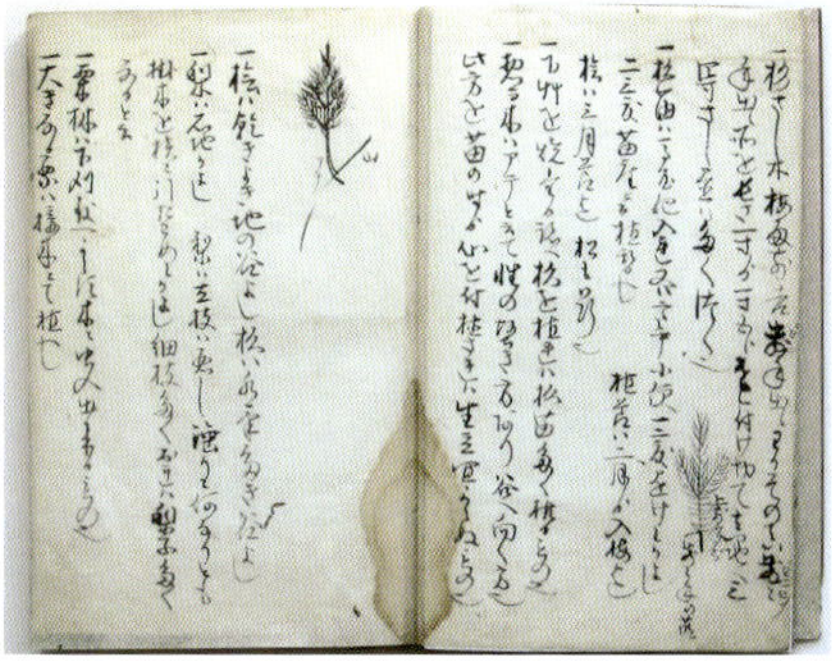

写真3　スギ苗とアテの絵

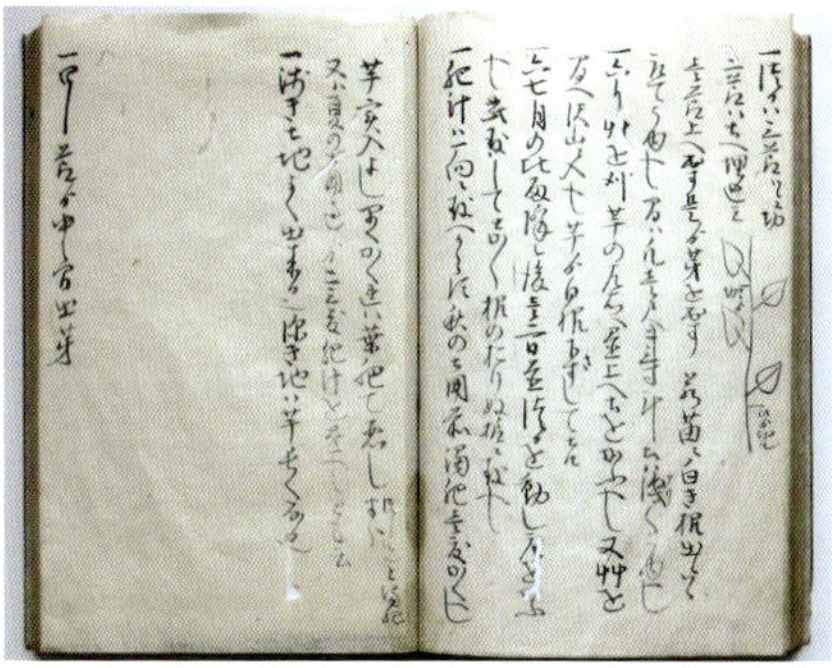

写真4　サツマイモの蔓の絵

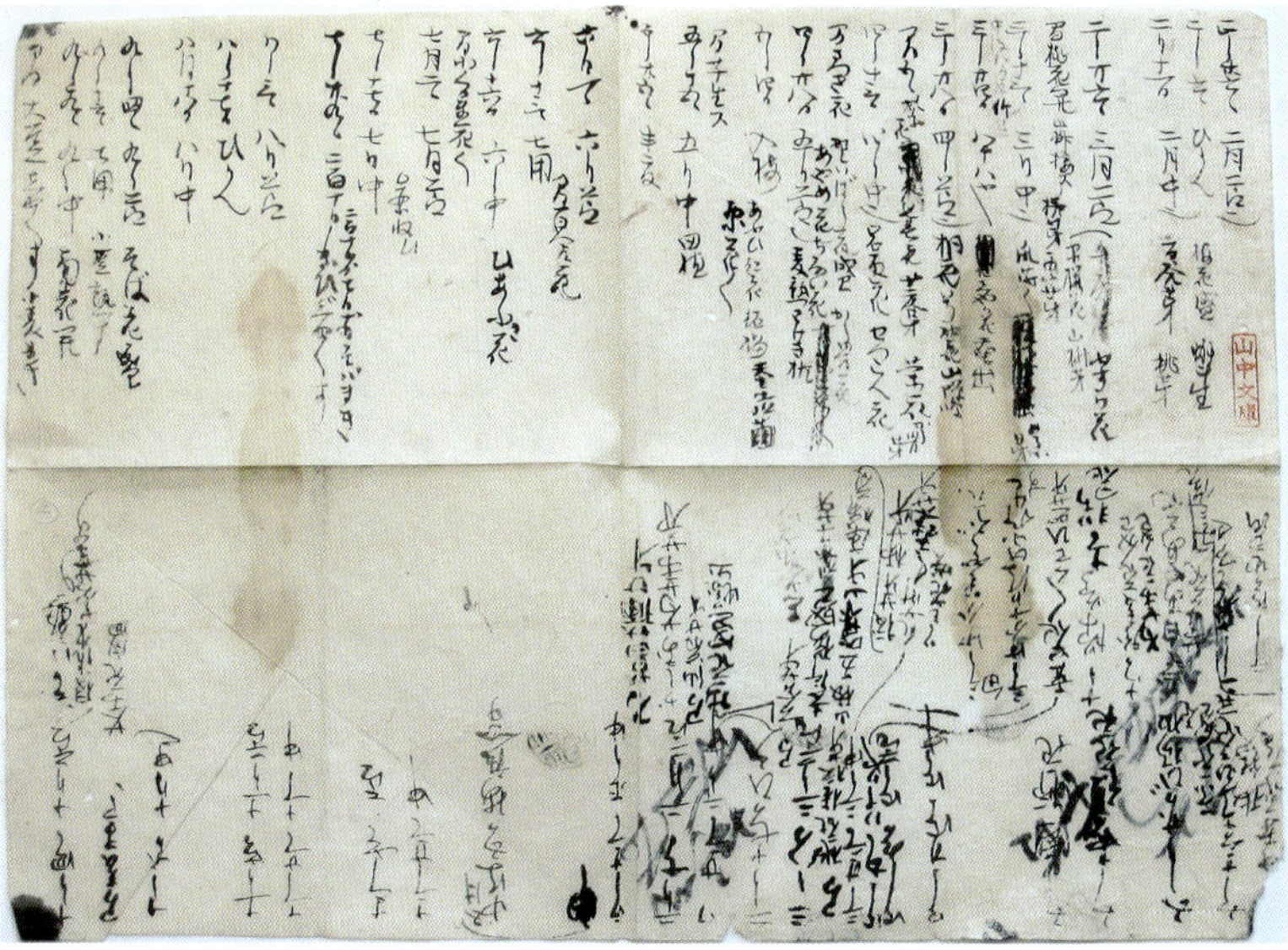

写真5　別紙1

写真６　江見集落と近辺の景観

写真７　江見集落近辺の棚田

写真８　江見集落近辺のスギ植林地
（写真６～８は 2008 年７月 19 日著者撮影）

翻刻と現代語訳にあたって

本書の表題は「えみのうしょ」と読ませる。

底本には、翻刻者が所蔵する『江見農書』を用いた。

上段が翻刻文、下段が現代語訳である。

底本の文中に句読点はない。翻刻文中の空白は翻刻者が設定した空白である。

変体仮名は、之（読みは「の」）と而（読みは「て」）以外は、ひら仮名で記載した。

ゟは「より」、〆は「して」と記載した。

翻刻にあたり、底本の筆記者が書き損じて斜線などを引いた文言は削除した。

底本に挟んである別紙二枚も翻刻した。

読みとれない文字は□で示した。

難解な語句には右上肩に注番号を入れ、翻刻および現代語訳の末尾に説明を記載した。

底本には見出しはない。目次の見出しは、翻刻者が作成した。

江見の所在地がわかる地図を解題に掲載した。

翻刻文にある各月の節《せつ》および中《ちゅう》と、現代語訳文中の二十四節気は、次のように対応する。左端は太陽暦の日付である。

春	夏	秋	冬
一月 節 立春《りっしゅん》 二月四日 中 雨水《うすい》 一九日	四月 節 立夏《りっか》 五月六日 中 小満《しょうまん》 二一日	七月 節 立秋《りっしゅう》 八月八日 中 処暑《しょしょ》 二三日	十月 節 立冬《りっとう》 一一月七日 中 小雪《しょうせつ》 二二日
二月 節 啓蟄《けいちつ》 三月六日 中 春分《しゅんぶん》 二一日	五月 節 芒種《ぼうしゅ》 六月六日 中 夏至《げし》 二一日	八月 節 白露《はくろ》 九月八日 中 秋分《しゅうぶん》 二三日	十一月 節 大雪《たいせつ》 一二月七日 中 冬至《とうじ》 二二日
三月 節 清明《せいめい》 四月五日 中 穀雨《こくう》 二〇日	六月 節 小暑《しょうしょ》 七月七日 中 大暑《たいしょ》 二三日	九月 節 寒露《かんろ》 一〇月八日 中 霜降《そうこう》 二三日	十二月 節 小寒《しょうかん》 一月五日 中 大寒《だいかん》 二〇日

江見農書――翻刻・現代語訳・解題　目次

底本には誤字または欠字と思われる箇所がいくつかあるが、稿本が記載する語句のまま翻刻した。該当箇所を次に示す。

ページ	行目	底本語句	修正語句案
5	13	わかその	わか木の
10	3	凡十日ニして生	凡十日ニして生す
11	17	四月節花き	四月節花開き
16	8	少々ツ、入へ	少々ツ、入へし
20	12	病を生す云	病を生すと云
21	4	七分五	七分五厘
29	7	生す也	生する也
36	10	植れ風味吉	植れハ風味吉
40	4	貯ゆれ朽さる也	貯ゆれハ朽さる也
41	14	又ハ芝草か	又ハ芝草か吉
44	15	十三四度及ひ	十三四度ニ及ひ
54	14	沢山に懸くへ	沢山に懸くへし
59	13	三日位を最上ス	三日位を最上とス

（表紙）

稿本　江見農書　全

四木三草ト云ハ　茶　楮　桑　漆
麻　綿　藍

一桧苗二三月之比　桧実生三四寸位之所　念比ニ鎌抔ヲ以て細き根迄切れぬ様掘取　苗座[1]ニ植候　但引ぬき抔致候得ハ　皆枯ニ相成候　たとへ不枯共　生立不宜候

一如右苗座ニ植　肥も不致　其侭置　其年の冬ニ至　小便懸け候　其明年春掘　座を植替へ　又其冬肥を致候　如此三四年植替候得ハ　生立宜敷苗ニ成　但春肥をいたし候得ハ　肥ニむせ　枯候事有しよし　酷暑の夜ハ折節水を打候かよし

一苗座ハ至而よき田地かよし

一杉さし木　梅雨前吉　前《ゼン》年出候わかその真[2]　前々《ゼンセン》年出候所を　長さ一寸より一寸五分ほと付け切て　真地[3]へ

（表紙）

稿本　江見農書　全

四木三草とは、チャ・コウゾ・クワ・ウルシ（以上四木）、アサ・ワタ・アイ（以上三草）である。

一ヒノキの苗木は、二〜三月の頃、種から発芽した苗木から（半径で）三〜四寸離れた所の土を、鎌などを使って細根が切れないように丁寧に掘りとり、苗床に植える。ただし、苗木を引き抜くなど、粗雑に扱うと、皆枯れてしまう。枯れない場合も、（その後の）生長がよくない。

一右に記述したように、苗床に植えて、肥料はやらずにそのままにしておき、その年の冬になったら小便をかける。翌年の春に（苗床から苗木を）掘りあげて、別の苗床に植替え、その年の冬にまた施肥する。この要領で三〜四年植替えを繰返せば、丈夫な苗木になる。ただし、春に施肥すると、肥料負けして枯れることがあったらしい。（夏に）高温になって、夜も気温が下らない場合は、（苗床に）時々水をかければよい。

一苗床には肥沃な耕地を使うのが好ましい。

三四寸さし置ハ　多く付く也
一杉苗ハ馬屋肥入れ　又ハ寒中小便一二度懸け候かよし
二三度苗座ニ而植替へし　植節ハ二月より入梅迄　桧
ハ三月節迄　松も同断也

一下草を焼たる跡へ杉を植れハ　杉苗多く枯るもの也
一惣而木ハアテ[4]と云て　性の堅き方あり　谷へ向く方也
此方を苗の時より心を付植されハ　生立宜からぬもの
也

一桧ハ乾きよき地の谷よし　杉ハ水気多き谷よし
一梨ハ石地かよし　梨ハ立枝ハ悪し　錘りニ何なりとも
掛　木を横ニ引たわめ候かよし　細枝多く出れハ　梨
子多くなると云

一スギを挿し木する時期は梅雨前がよい。昨年生長した主幹に、一昨年生長した主幹を一寸から一寸五分ほど加えて切りとり、壌土の所に三～四寸の深さで挿しておけば、苗木の大半は活着する。

上は昨年伸びた主幹　一昨年に伸びた主幹

一スギの苗床には厩肥を施用するか、寒中に小便を一～二度かければよい。苗床で二～三度植替えるのがよい。植替える時期は、（スギは）二月から入梅までの間がよく、ヒノキは三月の清明までがよく、マツもヒノキと同じである。

一下草を焼払った場所にスギの苗木を植えると、ほとんどが枯れてしまう。

一すべて木はアテと言って、丈夫な部分がある。アテは谷に向く側である。アテの方向を苗木の頃からよく心得て育てないと、木は丈夫に生長しない。

山　アテ

一ヒノキを植える場所は水はけのよい谷が適している。スギを植える場所は水気を多く含む谷が適している。

一ナシを植える場所は石混じりの土地が適している。ナシの木を上に伸ばすのはよくない。木が横に伸びるように錘《おもり》になるものを付けて、たわませればよい。細い枝が多く出るナシの木には実がたくさん着くと言われている。

一クリの林の下草を刈ってはいけない。クリの木に虫が

一栗林ハ下刈致へからす　木ニ虫入出来るもの也
一大きなる栗ハ接木ニて植へし
一槙植候時ハ三月節迄　但槙芽発する時を限とする也
一槙を谷筋水出候地面へ植候ニハ　木を細根迄ほるへし
根を切候得ハ　切口より水入　朽而生立不宜候
一槙ハ三四度もこり候得ハ　株大ニなる　其節こり候得
ハ　獨活《ウト》こきを大ニ嫌ふ　こり跡の芽不出ものなり
一凡木を植候ニハ　土を掘　至而こまき砂を五六分程敷
き　其上へ木根を置　土を懸れハ　木よりよく細根を
出し　付也　但細き砂よく水気を留る故なりとそ
一凡接《ツキ》木ハたい木指渡し五六分より一寸位を極上とす
大木ハつきて欠《カケ》る事ある也
一黄櫨木《ハゼノキ》ハ塩気を根の辺へ懸るか吉　木栄へよく実のる
一竹のよく生立候にハ　馬の爪を土へ掘埋めハ　笋よく
生す　又ハ隙ニ有る竹を引寄ると云　又焼酎の糟入れ
ハ　よく生立候由
一凡木の実ハ熟し候時取　土へ掘埋め貯置　来春彼岸よ
り前掘出し　苗座ニまくへし　彼岸より芽吹出す也

入るからである。

一クリに大きな実をならせるには、接木《つぎき》した苗木を植えなさい。

一マキを植える時期は三月の清明までである。ただし、マキの芽が出る時までには植えなさい。

一マキ（の苗木）を谷の水が湧く場所に植える場合は、（先端の）細根まで掘りとりなさい。根を切ってしまうと、切り口から水が浸み込んで腐り、丈夫な木にならない。

一マキは三～四度枝打ちすれば、幹が大きくなる。幹が大きくなってから、ウドを引き抜く要領で枝打ちしてはいけない。折りとった枝のつけ根から、新しい芽が出てこないからである。

一一般に苗木を植える時は、土を掘り、ごく細かい砂を五～六分ほど敷いてから、苗木の根を置いて土をかけると、細かい根がたくさん出て活着する。細かい砂は水気を多く含むからである。

一一般に接木する台木は、直径が五～六分から一寸ほどがもっともよい。大きい木に接ぐと、枯れる場合がある。

一ハゼは根の周りに塩気（を含む肥料）をかければよい。木がよく生長して、実が多く着く。

一タケがよく生長する場所には、土を掘って馬の爪を埋めると、タケノコが多く出る。また離れた所に生えているタケを引寄せると言われている。焼酎糟を施用すると、（タケは）よく生長するらしい。

但作物の種のことく　ほして貯ゆれハ　生セぬ也
但槙苗ハ秋拾ひ　直ニまくへし　年内芽吹もの也
一桑ハ河原地よし　よき葉出る　真土地赤土地ハ葉細く悪し　屋敷ニ植候ハ　木のたけ高く致へし　風入候而葉厚し
一棕櫚の肥には　鉄のせん[5]屑よしと承ル　しつけ地ハ生立かたし

正月節[6]	
同中[7]	
二月節	
彼岸	茄子　烟草　とうからし苗
同中	さつま芋　木瓜　午房
三月節	きび　紫そ　芋
同中	瓜　さゝけ　刀豆　唐なす　粟
八十八夜	綿　みとり
四月節	生姜
同中	胡麻

一般に木の実は熟した時にとり、土を掘って埋めて貯蔵しておき、翌年の春彼岸前に掘り出して、苗床へ蒔きなさい。彼岸から芽が出始める。ただし、作物の種とは異なり、干して貯えた種を植えると、芽は出ない。ただし、マキの実は秋に拾って、すぐに蒔きなさい。その年のうちに　芽が出る。

一クワは河原に植えればよい。よい葉が出る。壌土と赤土の場所は細い葉が生えるので、よくない。屋敷の中に植える場合は、高い木に仕立てなさい。（枝の間を）風が通って、厚い葉が着く。

一シュロの肥料には鉄の削り屑がよいと聞いている。湿気のある土地ではほとんど活着しない。

正月立春	
同雨水	
二月啓蟄	
彼岸	ナスとタバコとトウガラシの種を苗床に蒔く
同春分	サツマイモ　キュウリ　ゴボウ
三月清明	キビ　シソ　サトイモ
同穀雨	ウリ　ササゲ　ナタマメ　カボチャ　アワ
八十八夜	ワタ　豆をとるササゲ
四月立夏	ショウガ
同小満	ゴマ

五月節　節粟　大豆 入梅 同中　秋粟	七月節　かぶら 同中 二百十日　大根　蕎麦　水な	九月節　ゑん豆 土用 同中　小麦　種こなまき	十一月節 同中
六月節　人じん 土用　小豆　茶製　らつきやう 同中	八月節　こな 彼岸　夏豆　わけき　にんにく 紅花　ちさ　芥子　からしな しん菊 同中	十月節　麦蒔 同中	十二月節 同中

五月芒種　早生アワ ダイズ 入梅 同夏至　秋アワ	七月立秋　カブ 同処暑 二百十日　ダイコン ソバ　ミズナ	九月寒露　エンドウ 土用 同霜降　コムギ アブラナを蒔く	十一月大雪 同冬至
六月小暑　ニンジン 土用　アズキ　製茶 ラッキョウ 同大暑	八月白露　葉菜類 彼岸　ソラマメ　ワケギ ニンニク　ベニバナ チシャ　カラシ カラシナ　シュンギク 同秋分	十月立冬　ムギを蒔く 同小雪	十二月小寒 同大寒

9　農作物の播種植付け適期一覧

稲

一苗代田ハ五月中より前五十五日六十日計日を取て蒔く
籾種ハ五六日前ニ水ニ入かす　凡十日ニして生
一中稲《ナカテ》ハ二百十日比ニ穂出ツ　晩稲《ヲクテ》ハ二百廿日比穂出ツ
一早稲《ワセ》ハ秋の土用ニ入比刈へし
一撰《エ》り種ハ　雌穂[8]と云て元の枝弐ツある穂を取なり
一糯米ハ干損多きもの也
一同は[9]ゼさせ候ハ　刈てよく干し　一日積て上より莚抔
かけ　うむせハはゼるなり
一粉麦刈跡へハ薄き肥致へし　刈株早く朽る也

麦

一麦蒔節ハ十月節より中之間　但し銀杏の葉　紅葉した
る時を　まく旬とする也　陰地ハ節より早くまく
一麦種ハ　一荷[10]懸りニ壱合六勺位なれハ薄して吉　弐合
ハ厚し　凡十二日ニして生す

イネ

一種を苗代に蒔く日は、五月の夏至の五十五〜六十日ほど前である。種籾は（播種の）五〜六日前に水に浸《つ》ける。（播種後）十日ほどで芽が出る。

一中生種のイネは二百十日頃に出穂する。晩生種のイネは二百二十日頃に出穂する。

一早生種のイネは秋の土用入り頃に刈りとればよい。

一（来年用の）種選びは雌穂《めほ》と言って、穂軸の基部から枝穂が二つに分かれて出ている穂を選ぶ。

一モチイネは旱害に遭いやすい。

一モチイネの穀粒に心白をつけるには、刈ってよく干し、一昼夜の間積み上げて、上を莚《むしろ》などで覆って蒸せば、心白がつく。

一コムギを刈りとった後（の田）には、薄めた肥料を施用しなさい。（コムギの）刈株が早く腐る。

ムギ

一ムギ蒔きの適期は、十月の立冬から小雪の間である。ただし、イチョウの葉が色づく頃がもっともよい播種期である。日陰の土地は立冬前に早めに蒔く。

一ムギの種は（肥料）一荷に（種）一合六勺ほどの薄蒔きがよい。二合蒔きは厚い。（播種後）十二日ほどで

一蒔候節　⑪綿実をいり　粉ニしてはたへ入れハ　茎堅くして吉　⑫くもしこへ吉　⑬蒔膚へ米の糠入れハ　麦種むセて朽るもの也　但いりぬかなれハ吉　焼こへ肥にて消し　ぬか入置ハ⑭くみる也　あめ糟もよし　晴天続き候得ハ鰯吉
一寒中ニ肥を強く仕置か吉　春ハ薄き物二度程懸へし
一麦肥　春ハ醤油糟も吉
一寒前　稲藁少し上ニ散し置ハ　霜を防て吉　又多く入れハ　苗朽消る也　又ハくもし肥入る吉
一雪降ていまた消ぬ内　肥汁《コヤシ》上より懸れハ　苗朽るもの也
一麦生て後　焼灰多く上へ懸へからす　朽る也　但少々ハ吉
一三月節前後　色赤くならハ　中を打ち　⑮白根を切へし色復する也
一⑯うくろ入ハ　よく踏付へし　其儘置ハ出来ぬもの也
一三月節より穂出初メ　四月節花き　四月中より節間熟す

芽が出る。

一ムギの種を蒔く時に、ワタの実を炒ってから粉にして施用すれば、ムギの茎が硬くなって都合がよい。堆肥ならばよいが、基肥《もとごえ》に米糠を施用すると、発酵熱でムギ種が腐る。ただし、炒った米糠ならば施用してよい。焼肥は肥料を混ぜて冷し、糠を加えると腐熟する。飴糟もよい。晴天が続く時は干鰯《ほしか》を施用すればよい。

一寒の間に大量の肥料を施用すればよい。春になったら、薄めた肥料を二度ほどかけなさい。

一ムギの肥料に、春は醤油糟もよい。

一寒に入る前に稲藁《いなわら》を（ムギの上へ）まき散らしておけば、霜除けになる。ただし、まき散らす量が多過ぎると、ムギ苗が腐ってしまう。堆肥を施用してもよい。

一雪が降って消えないうちに液肥をかけると、ムギ苗が腐る。

一ムギの発芽後、大量の焼灰をムギの上にかけてはいけない。芽が腐る。ただし、少量ならばよい。

一三月の清明前後にムギ株の色が悪くなったら、中耕して細根を切りなさい。株の色がもとに戻る。

一モグラがあけた穴は、よく踏みつけておきなさい。そうしないとムギの出来が悪くなる。

一三月の清明から出穂が始まり、四月の立夏に開花し、四月の小満から（五月）芒種の間に稔る。

一三月の清明以降に濃い小便をかけると、稔る時期になっても栄養生長が止まらなくなるので、よくない。

一三月節後　濃き小便を懸れハ　実入候節　青[17]へて悪し
一麦もい[18]や地ハよく出来す　珍敷土地吉
一大根の間ハ晩かよし　但間ニ凡廿日計置　考蒔へし
早けれハ　麦のひ過て悪し
一あめ糟[19]はたへ入候ハ　少しハ吉　多けれハむせる　又
ハ年内　水こへニ交懸れハ　多ても吉
一春蒔ハ　肥致せハ出来る　但皮厚くなる　杵《ツキ》て大ニへ
る物也
一春彼岸迄ハまく構なし　肥をはだへ強くして　跡ニ而
かくハ悪し
一麦蒔候時節　格別早くまくへからす　よく生立候様ニ
見へて　実入悪きもの也　間夕へ草多く生す
一はたか麦ハ水田ニ作れハ　跡地稲出来かたし　大麦ハ
吉
一寒より早春　鰯肥よし　鰯俵のまゝ坪へ入れ　汁をか
くへし　肥強し　但湯にてとき　懸候ハきゝ悪し　惣
而出候肥へ方よし

一ムギも連作すると収量が落ちる。一定の年数ムギを作っていない土地で作るのがよい。

一ダイコンの間にムギを蒔く場合は、蒔く時期を遅らせるとよい。ただし、間作する日数は二十日ほどがよいので、考えて播種日を決めなさい。播種日が早すぎると、ムギが伸びすぎてよくない。

一基肥に飴糟を施用すれば、少しは効く。施用量が多いと肥料負けする。播種した年のうちに薄い液肥に混ぜてかければ、（飴糟の）量は多くてもよい。

一春に播種する場合は、肥料を施用すれば稔る。ただし、（穀粒を覆う）皮が厚くなるので、搗《つ》くとかなり搗き減りする。

一春の彼岸までは播種してよい。基肥を大量に施用しなさい。後日施用するのはよくない。

一ムギの播種は急いではいけない。（早く蒔くと）生長は早いように見えるが、実の入りが悪い。株間に雑草が多く生える。

一ハダカムギを水田に作ると、跡作のイネの実入りが悪い。オオムギならばよい。

一寒のうちから早春の間に、干鰯を施用すればよい。俵に入れた干鰯を肥料溜に浸けて、その浸汁をかけなさい。施肥効果が大きい。ただし、湯に浸けて、その湯水をかけると、施肥効果は下がる。総じて干鰯を（浸けた水を）施用すると、ムギの生育がよくなる。

粉麦

一粉麦ハ　秋の土用より前ニ蒔ハ　根虫ニて枯る事有

一肥ハ少くて吉　地肥吸取物なり　焼土二度計入れハ外ニこへいらす

一粉麦ハ春ニ至り肥を致すへからす　青へて不宜

一蒔節ハ九月節より中之間迄　十日ニして生す　五月中熟す

一粉麦出来過と思ハ、　二月比朝露を拂へハ　出来止る也

一粉麦ハ少青き内苅て　饂飩素麺ニ製す

一蒔様ハ厚きかよし　薄けれハ悪し

大豆

一蒔節ハ四月中より五月節ヲ盛トス　半夏[20]を限とす　七月中後花開き　秋の土用[21]葉を取　九月中より十月節ぬき取　凡百五十日ニして収む　又ハ百三十五日とも云

コムギ

一コムギは秋の土用より前に蒔くと、根虫がついて枯れることがある。

一肥料は少なくてよい。（コムギは）耕地に元来ある栄養分を吸いとって生長する作物である。焼土を二度ほど施用しておけば、他に肥料はいらない。

一コムギは春になってから施肥してはいけない。栄養生長が止まらなくなるからである。

一播種期は九月の寒露から霜降の間で、十日で芽が出る。（実は）五月の夏至に完熟する。

一コムギの生育がよすぎると思ったら、二月頃（株についている）朝露を払えば、生育は止まる。

一コムギは株にまだ青みが残っているうちに刈りとって、ウドンやソウメンの素材にする。

一播種密度は厚蒔きがよい。薄蒔きは出来が悪い。

ダイズ

一播種期は四月の小満から五月の芒種の間がもっともよい。半夏生までには蒔き終わること。七月の処暑後に開花し、秋の土用に葉を摘みとる。九月の霜降か

一蒔て七日ニして生す　一荷ニ付　壱合蒔
一大豆のしる蒔と云て　雨後直ニ蒔ても障りなし
一蒔候節　溝を立て蒔ハ　よく生す　穴をつき蒔ハ
間々生セぬものあり
一家の煤気藁を入へからす　木栄へて実登らす　惣て肥
汁悪し　焼土入れるハ吉
一土を早くかふへし　花開き候時分よりハ　土をかふへ
からす　根ニ当るハ大ニ悪し
一大豆四通ニ一通胡麻を蒔　風入候　実入ニ吉　但三通
ニ而も　又ハ所々ニ秋粟黍抔植る吉
一いや地ハ出来かたし
一黒大豆ハ　白田[22]ニハ出来かたし　黒さやハ　ご多し
豆腐ニよし

ら十月の立冬までの間に株を抜きとり、（播種後）百五十日ほどで収穫する。また百三十五日で収穫するとも言う。

一種を蒔いて七日後に芽が出る。（肥料）一荷当り一合の種を蒔く。

一ダイズのしる蒔きと言って、雨上り後すぐに蒔いても構わない。

一種を蒔く時に蒔き溝を切って蒔けば、芽の出がよい。穴をあけて蒔く方式だと、芽が出ない種もある。

一家屋内の煤《すす》がついた藁を（肥料に）使ってはならない。株は大きくなるが、実は着かない。液肥はどれもよくない。焼土を施用するのはよい。

一早い時期に土寄せしなさい。開花が始まる時期から後は、土寄せしてはいけない。（鍬が）根に当るのは大いに悪い。

一ダイズを四筋蒔き、ゴマを一筋蒔けば、風通しがよいのでダイズの実入りがよい。ただし、ダイズ三筋でもよいし、秋アワやキビなどを何箇所かに植えてもよい。

一ダイズを連作してはいけない。

一黒ダイズをやせた土地で作ると生育が悪い。黒莢《さや》ダイズは豆汁《ご》が多いので、豆腐作りに適している。

草綿

一蒔時ハ八[23]十八夜前後　凡十二日ニ而生す　六月中より花開く　秋の彼岸より[24]ふき初る

一種ハ壱荷懸ニ付　上種八十目下百目蒔　但白田ニハ百目よし　一年隔候古種を蒔候方　生立宜しきと承候

一種ハ実入よきを撰へし　悪きハ生候而後　出来わるし　火にてあふり　くり候実ハ　たとへ生候而も　止み消るもの也　忌へし

一種を撰り候ハ　塩汁を懸け　よくもみ　桶抔ニ水を多く入　其内へ入　かき廻し候得ハ　よきハ沈み　悪きハうく也　浮候を捨へし　其実へ清汁を懸け　竹にて交せ　灰を合セ　直ニ畑へひろけ　覆を致す　但実のくみぬ様　手當をすへし

一又ハ蒔候朝　水にひたし　二時余置き　煤又ハ壁古土又ハ灰に交てまく　前日よりひたし　永く置へからす　実朽　生ぬ事あり

一はた肥ハ小便肥吉　油糟又ハ鳥のふん粉にして　はた

ワタ

一播種期は八十八夜前後である。蒔いて十二日ほどで芽が出る。六月の大暑から開花が始まる。秋の彼岸から実が開き始める。

一種の量は、（肥料）一荷当りで、良質の種だと八十匁《もんめ》、粗悪な種だと百匁がよい。ただし、やせた畑には百匁蒔きなさい。一昨年にとった種を蒔けば、生育がよいと聞いている。

一蒔く種は充実した種を選びなさい。粗悪な種は発芽後の育ちが悪い。火であぶって繊維を繰りとった種は、芽が出ても生長せず、枯れてしまうので、蒔いてはならない。

一種を選ぶには、塩水をかけてからよく揉み、桶に満たした水に浸けて掻きまわせば、充実した種は沈み、粗悪な種は浮くので、浮いた種をとり除きなさい。充実した種に綺麗な水をかけて、タケ（の箸）で掻きまぜ、灰を加えてすぐに畑に蒔き、（土で）覆いなさい。ただし、実が（湿って）腐らないように気をつけなさい。

一または種を蒔く日の朝、四時間余り水に浸けておき、煤か壁土に使った土か灰を混ぜて蒔く。前日から水に浸けておくと、種が腐って芽が出ないことがある。

一基肥は小便を腐熟させた肥料がよい。油糟か鳥糞を粉にして基肥として施用しなさい。梅雨の時期になる

へ入へし　梅雨中　別てよく生立候　惣て多く入るハ悪し　時によりむせて生ぜす　灰ハ少々ハ入へし　多けれハ地わく　悪し
一はたこへ強きハ悪し　二三寸位迄ハ毎度薄き肥を懸へし　半夏生より強き肥吉
一種を蒔たる上ハ　踏付るハ悪し　手にて細き土隠し鍬又ハ足宜からす　古畳又ハわら切り　上ニ覆へし
一小き内ハ壁土又ハ床カ下土少々ツ、入へ　小便もよし
一綿ニあめ糟を入るゝ事悪し　葉肥て綿ふかず　忌也
一綿地ハ粉麦跡蕎麦の跡よし　瘠地ニ生し　肥にて　生立候方　性よろし　こへたる地面　都て悪し
一まき候節　くもしにて隠すへからす　草生す
一砂地に蒔候時ハ　足にて堅く踏付てまくへし　立根少くなる
一麦の刈株に蒔ハ　凡六日ニして生す　但時節遅きゆへ生立ハよけれとも　下ニ枝なし
一蒔而凡十日も過　生せんとする時　小便薄く致懸れは生立よし

と、とりわけよく生長する。どの肥料も多量に施用するのはよくない。肥料負けして、芽が出ないことがある。灰は少量入れなさい。（灰を）大量に施用すると、土地が肥えすぎてよくない。

一基肥が効きすぎるのはよくない。ワタの芽が二〜三寸くらいに生長する頃までは、薄めた肥料を頻繁にかけなさい。半夏生以後は、濃い肥料をかけてよい。

一播種した所を踏みつけてはいけない。手で細かい土をかけて種を覆いなさい。鍬や足で土をかけるのはよくない。古畳か藁を切ったものを、土の上に置いて覆いなさい。

一ワタの株が小さいうちは、壁土か床下土を少量ずつ施用しなさい。小便をかけてもよい。

一ワタに飴糟を施用するのはよくない。葉は大きくなるが、実は（熟しても）開かないので、（飴糟を）施用してはいけない。

一ワタを植える畑はコムギかソバを作った跡がよい。瘠せた畑で発芽させてから、施肥する方式で育てると、生育がよい。肥えた土地はどこもよくない。

一播種時に種の上を堆肥で覆ってはいけない。雑草が生えてくる。

一砂地に播種する場合は、足で砂を強く踏みつけてから種を蒔きなさい。直根が少なくなる（ので好都合である）。

一ムギを刈りとった跡の畑にワタを蒔くと、六日ほどで芽が出る。ただし、（播種）適期よりも遅いので、株

一小き内ハ　油糟五合水壱荷に入　懸るも吉
一二ツ葉の時　根黒く朽枯る事有　[25]塩あみ魚湯にて解き懸る　忽ち白根出て蘇るもの也
一肥ハ第一油かす吉　多く入　肥汁ハ少きかよし　但油糟も時分遅く入へからす　青へて秋ニ至り悪し
一土用に入　凡三枝置き梢を止め　切へし　此比油かす多分入　土をかふ
一中打ハ惣て悪し　たゝ草生候ハ　取候計にてよし　土をかふ節迄ハ　草生し候ハ　薄く削へし
一綿の肥ハ　晴天の日　日中よし　雨日ハ勿論　雨催ふの時ニかくるハ悪し
一ワたちさくとも　土用中に[26]真を切へし
一秋の彼岸よりハ枝の先迄真を切り　[27]萌の出さるやうに致へし　綿ハ第一萌を取候か肝要也　取らされハ　[28]桃に実入悪し
一地面ハ南と西向きかよし　北東向ハわるし
一深き土地ハ　早く続けて肥手入致へし　遅く致へからす　深き地ハ　もゝふきかぬる　但早わた吉

の生育はよいが、株の下部から枝が出ない。

一播種後十日ほどして芽が出ようとする時に、薄めた小便をかけると生長がよい。

一（ワタの株が）小さいうちは、油糟五合を一荷の水に入れて、かけるのもよい。

一双葉の時、根が黒くなって枯れることがある。塩気を含む魚を湯に入れて、その湯をかけると、たちまち白根が出て回復する。

一肥料は油糟が一番よい。油糟を大量に施用しなさい。液肥は少量がよい。ただし、油糟も適期より遅い時期に施用してはいけない。栄養生長が止まらず、秋になって結果が悪くなる。

一（夏の）土用に入ったら、（下から）三番目くらいまでの枝以外の枝先を摘みとりなさい。この頃に油糟をたくさん施用してから、株の根元に土寄せしなさい。

一中耕してはいけない。ただし、雑草が生えてきたら、除草するだけなら構わない。（ワタ株へ）土寄せする作業を始める時期より前に雑草が生えたら、土を薄く削りなさい。

一ワタに施肥する日は、晴れた日の日中がよい。雨の日はもちろんのこと、雨が降りそうな日も施肥してはいけない。

一ワタの株が小さくても、土用のうちに株の上端を摘みとりなさい。

一秋の彼岸から後は、それぞれの枝の上端を摘みとって、（枝が）それ以上伸びないようにしなさい。ワタ作は

一綿の間引　又ハ芽枝の先伐候を肥坪へ入れ　朽らし懸くへからす　土際より朽て枯る　大に忌へし
一田に蒔実ハ水ニひたし　よきハ沈む　是を取　灰に交セ　穴を突　二粒程ツヽまく　間ハ凡五寸位あき
(付箋)
一綿ハ女木男木を見立　男木ハ綿たふかぬもの也　早く抜き捨べし　見立よふハ　蒔候而　やゝ二葉ニ成り候節　両葉のまた一ツ處より出候ハ女木　上り下りになり而出候ハ男木なるへし　ぬき捨べし
一又女木ハ　捨候節　根二タ股なるへし　男木ハ立根壱本なるべし
一土用過候節　いもちとて　くセつくもの也　朝露にすゝをふりかくべし

(無駄に)伸びる(枝先の)芽を摘みとる作業が肝要である。(枝先の)芽を摘みとらないと、実の収量が減る。

一(ワタを作る)土地は南向きと西向きがよい。北向きと東向きの土地はよくない。

一耕土が深い土地は、ワタの生育初期から続けて施肥しなさい。施肥の時期を遅らせてはいけない。耕土が深い土地は、熟した実がなかなか開かない。ただし、(耕土が深い土地は)早生種のワタ作りには適する。

一間引いたワタ株と摘みとった枝先を肥料溜に入れて、腐らせたものをかけてはいけない。(ワタの株が)土際から腐って枯れてしまう。大いに悪い。

一(水を抜いた)水田にワタの種を蒔く場合は、種を水に浸けなさい。充実した種は沈むので、これを選んで灰に交ぜ、蒔き穴を開けて二粒ずつ蒔けばよい。蒔き穴の間隔は五寸ほどである。

(付箋)

一ワタの雌雄を見分けなさい。雄株は実が(熟しても)開かないので、早く間引きなさい。(雌雄を)見分ける方法は、芽が出て双葉になった時に、二枚の葉が同じ位置から両側へ出ているのが雌株、葉が交互に出ているのが雄株である。雄株は抜き捨てなさい。

一また、株を抜き捨てる時に根を見ると、雌株は二股になっていて、雄株は一本のはずである。

一土用過ぎ頃、(ワタ株に)「いもち」という病気がつくことがある。その時は、朝露が降りている間に、(ワタ株へ)煤を振りかけなさい。

大根

一大根ハ夏の土用明より七日後をよき時節と云　又は七月中より二百十日之間　五日ニして生す　収ハ十月中より十一月節之間

一蒔にハはたへ水肥たつふり致へし　油糟少々入へし　多ハむせて生ぬ事有　覆ハ致へからす　茎長くなる　刈草抔ハよし　二日置て取へし　油かす一荷ニ付　五合程ハよし　あめ糟を捻るもよし　よく出来ル　又ハ庭鳥ふんも吉

一薄くまくへし　厚けれハ　虫生る也　早く間引へし

一小き内　水肥毎度かくへし　大に成てハ　濁肥を葉に懸らぬ様にかくへし　懸れハ虫生す　晩く成　小便かくへからす　葉肥て根入悪し

一生候て五六日之間に　三四度こかねの虫取へし

一虫生候ハ、　[29]馬酔木《アセボ》を煎し　あつき内藁箒ニて葉にぬるへし　消るもの也

一[30]あまこ虫生候時　上より灰を振へからす　大根消る也

ダイコン

一ダイコンの種を蒔く日は、夏の土用明けから七日後がよいという。または、七月の処暑から二百十日の間に蒔けば、五日で芽が出る。収穫は十月の小雪から十一月の大雪の間である。

一種を蒔く時は、基肥に薄い液肥を十分にかけなさい。油糟は少し施用しなさい。油糟の量が多いと、発酵熱で芽が出ないことがある。蒔いた種を土で覆ってはいけない。（芽の）茎が長くなるからである。刈りとった草で覆うのはよい。草で二日間覆ってから、草をとり除きなさい。（播種時に）一荷（の水）に油糟を五合ほど混ぜてかければよい。飴糟を（土に）押し込んで入れるのもよい。出来がよくなる。鶏糞を施用してもよい。

一播種密度は薄いほうがよい。厚蒔きすると虫がつく。（厚蒔きしたら）早く間引きなさい。

一（ダイコンの）株が小さいうちは、薄い液肥を頻繁にかけなさい。株が大きくなったら、葉にかからないように心がけつつ、濃い液肥をかけなさい。肥料が葉にかかると、虫がつく。生長した株に小便をかけてはいけない。葉だけが生長して、根は大きくならないからである。

一芽が出たら、五〜六日の間に小さな甲虫を三〜四度とり除きなさい。

焼灰を朝露に少シハふるへし
一あまこにハ　魚[31]とう油肥に交へ懸てよし　又ハ荏子油糟粉にし　ふり懸るよし　又ハゑいの腸を細く切　肥にませて懸るよし
一あまこにハ　生小便を箒にて葉の裏へ引へし　日中か弥吉　又ハ鯨油一荷に八勺當　水にませて懸る　又ハ胡麻もよし　又ハいわし一荷に半俵程入るもよし　又ハ小麦わら灰ニしてあくを取　かくるもよし　又ハ一二寸に切　汁を取　懸る
一あまこ抔取候時ハ　日中かよく落る
一中打ハ凡十度程も致すへし　中打候てハ肥を懸くへし
一油を懸たる葉を牛に飼へからす　病を生す云
一煤気わらを入れハ　大根苦くなると云
一大根跡には　植[32]こな致へし　よく出来る　但大こんの通ニ植る也　蒔候こなハ　虫食ふへし
一大根種取には　十一月比植る　四月前後花　中より五月節之間ニ収む　末に花落候時　刈て干へし
一種植候時　はだへ肥を半杓ツ、入置へし　跡よりこへ

一（葉に）虫がわいたら、アセビを煎じて、熱いうちに藁箒《わらほうき》で葉に塗りなさい。虫はいなくなる。

一（葉に）アリマキがついたら、上から灰を振りかけてはいけない。ダイコンの株が枯れる。（ダイコンの株に）朝露が降りているうちに、焼灰を少し振りかけなさい。

一アリマキを駆除するには、魚からとった油を肥料に混ぜてかければよい。エゴマの油糟を粉にして振りかけてもよい。（魚の）エイの腸を細切れにして、肥料と混ぜてかけてもよい。

一アリマキがついたら、（発酵していない）生小便を箒で葉の裏に塗りなさい。（この作業をするのは）日中のほうが（朝夕よりも）よい。または水一荷に鯨油を八勺混ぜてかける。ゴマ（の絞り糟）も効く。水一荷に干鰯を半俵入れてかけてもよい。小麦藁を焼いた灰を、水と混ぜてかけてもよい。（小麦藁を）一～二寸の長さに切って、水に漬け、その汁をかけてもよい。

一アリマキの駆除作業は、日中におこなえば効果が大きい。

一中耕は十度ほどおこないなさい。中耕後に肥料をかけなさい。

一（除虫のために撒いた）油が着いた葉を牛に食べさせてはいけない。（これを食べた牛は）病気になると言われている。

一煤がついた藁を（ダイコン畑に）施用すると、ダイコ

致へからす　き丶悪し　但寒中迄ニ両度懸肥致へし
一たね大根　尻を三分ノ弐分ハ切て捨て　植へし
一種壱荷ニ付六勺五才うすし　六勺七才厚シ　壱合懸目
三十三匁七分五
一大根蒔はたへハ鰯肥もよし　大こん和か也
一練馬大根ハ夏の土用入ニ蒔候也
一夏大根ハ小便ニ而作るへし　濁肥ニ而ハ悪し

油菜

一苗に植候と漬物ニ致候ハ　ひかんニ蒔へし　凡六日ニ
して生す　蒔て実を取候ハ　立冬より少しまへにまく

ンが苦くなると言われている。

一ダイコンを収穫した跡には、葉菜類の苗を移植しなさい。出来がよい。ただし、ダイコンを植えた筋と同じ所に植えなさい。（ダイコンを収穫した跡に）種を蒔いて育てる葉菜類は、虫に食われてしまう。

一種をとるためのダイコンは、十一月頃に移植する。四月に入る前後に開花して、四月の小満から五月の芒種の間に種をとる。最後に咲く花が落ちた時に、刈りとって干しなさい。

一種を蒔く時に、基肥を柄杓で半杯ずつ入れなさい。後から肥料を施用してはいけない。肥効が落ちる。ただし、寒中までに肥料を二度かけなさい。

一種をとるためのダイコンは、根の下部三分の二を切り捨ててから、植えなおしなさい。

一肥料一荷当りの種の量は、六勺五才は少なすぎるし、六勺七才は多すぎる。種一合の重量は三十三匁七分五厘である。

一ダイコンの種を蒔く時に干鰯を施用するのもよい。柔らかいダイコンができる。

一練馬ダイコンは夏の土用入りに種を蒔く。

一夏ダイコンの肥料は小便がよい。濃い液肥はよくない。

アブラナ

一移植するために蒔く種と、（生長してから）漬物にするために作るアブラナの種は、（秋の）彼岸に蒔きなさ

へし
一まきはたハ灰を入へし　但植なへにハ灰悪し
一種を取候ハ三月中より花　四月節終る　四月中五月節之間熟す
一なへ植ハ寒中ニ植へし　北風ニ當る地所ハ　年内植へし　南向暖土ハ　春ニなり大きなる苗植へし　水田にハ大きなる苗をうへる
一植候時　赤き強きなへハ　浅くてよし　こまき色うすき苗ハ　深くうへる　寒中根氷りて　枯になる　凡て寒き内に　鍬の根へ當るハ悪し
一苗ハぬき候而　二三日日に乾して植か吉
一こなまきハ地を深くうつへからす　悪し
一植なへハ肥少くてよし　蒔こなハ肥を年内より毎度懸くへし　出来かたきもの也
一こなとう立時　但二月末より三月初め　三四度つゝけて肥汁懸くへし　但二三日間を隔て焼灰入　[33]土をかふへし　花引候てハ　こへをうつへし
一大根の跡にこな植へし　よく出来る　尤植こなならハ

い。六日ほどで芽が出る。種を蒔いた畑で収穫するアブラナの種は、立冬より少し前に蒔きなさい。

一基肥に灰を施用しなさい。ただし、移植した苗に灰を施用するのはよくない。

一種をとるアブラナは三月の穀雨から開花し、四月の立夏には開花が終わる。四月の小満から五月の芒種の間に（実が）熟する。

一苗を移植する作業は寒中におこないなさい。北風が当る畑は、立春前に移植しなさい。南向きの暖かい畑は、立春が過ぎてから、大きい苗を移植しなさい。水田（で裏作物として植える場合）には、大きくなった苗を移植しなさい。

一移植する時、赤みを帯びた丈夫な苗の植え穴は浅くてもよい。小さくて色がうすい苗は植え穴を深くしなさい。（そうしないと）寒中に根が氷って枯れてしまう。何事も寒いうちに中耕作業をすると、鍬（先）が根に当ってよくない。

一（移植する）苗は抜きとってから二～三日太陽光に曝して、乾かしてから植えなさい。

一アブラナの種を蒔く畑は、深耕してはいけない。育ちが悪くなる。

一移植する苗への施肥量は、少ないほうがよい。種を蒔いた畑で収穫するアブラナは、立春前から幾度も施肥しないと、生育が悪い。

一二月末から三月初旬にアブラナの花茎が伸びる時、三～四度続けて液肥をかけなさい。二～三日ごとに焼

よし　蒔こな致事無用　大根の虫ニ喰れ消也
一肥ハ獣肉第一　油多し　又ハ庭鳥ふん灰に交て入る
中打なと致候而埋込候
一蒔候なへハ　春になり厚く候共　間引へからす
一惣て肥汁根の元へ懸る悪し　花開候時分より小便ハ
懸へからす(34)くセ付くもの也
一かふら菜七月節蒔　至て薄くまくへし　溝深き悪し
一種をよくする法　茶をせんし詰め　茶わん一杯たね凡
四斗ニ入　よくもみ　油一勺程　是もよく交セ候事
一油ハ壱斗ニ付　上々たねニ而油弐升五合　まつ推なら
し　弐升三合ほとあるもの也

蕎麦

一蒔節ハ二百十日より七日前を弐番蒔と云　最上の時節
也　俗に壱番蒔ニ藁を取　弐番蒔に実を取　三番蒔ニ

灰を施用し、覆土と土寄せをしなさい。開花が終わったら施肥しなさい。

一ダイコンの収穫が終わった畑にアブラナを植えなさい。出来がよい。ただし移植したアブラナならばよく育つ。種を蒔いた場所で生長させる方式はよくない。ダイコンにつく虫に食われて、枯れてしまう。

一肥料は獣肉がもっともよく効く。油が多いからである。または鶏糞を灰と混ぜて施用する。中耕する時に（肥料を）埋込む。

一播種した畑で育てる苗は、春になって密植状態になっても、間引いてはいけない。

一何事も液肥を株の根元にかけるのはよくない。開花期からは小便をかけてはいけない。病気にかかる。

一カブは七月の立秋に蒔く。ごく薄く蒔きなさい。蒔き溝が深いのはよくない。

一（油を搾《しぼ》る）種の質をよくする方法。茶碗一杯分の煎じつめた茶を、四斗ほどの種の中に入れ、十分に揉んでから、油を一勺ほど入れて、よく混ぜなさい
一最上等の種一斗で二升五合の油を搾りとれる。平均すると、二升三合は搾りとれる。

ソバ

一蒔き時は二百十日の七日前を二番蒔きと言い、（蒔く日は）この日がもっとも適している。俗に「一番蒔

花を取と云て　わつかの蒔時失へからす

一蒔て五日ニして生す　二十日ニして花開き　七十五日にして収む

一古種ハ生セぬもの也

一蒔候時　地の乾きたる日ハ　よく生す　雨降雨後しるき日蒔ハ　生しかぬる也　又古き種ハ生ぬ也

一膚肥ハ是非致へし　生る事早し　焼土膚へ入へし

一生るやいな十五六日の内　両三度続け肥をなすへし　又ハ灰抔振懸るもよし　但はた肥沢山ニ致かよき也

一花開ぬ内　土をかふへし　後れハかふニ折て枯る也

一溝ハひろく切てまくへし　土ハ少々覆か吉　刈草抔かよし

一小蕎麦ハ枝少きもの故　厚かよし　大蕎麦ハ枝出る故薄く間引作るへし

一そバハ霜に痛むもの也　但土用の内ハ　さのみ痛ます其後ならハ　霜降ハ早く刈取へし

一種ハ壱荷に壱合八勺より弐合程　壱荷ニ付上出来　七升三合ほと有

きは株が育つだけ、二番蒔きは実が着き、三番蒔きは花が咲くだけ」と言われているので、短い播種適期を逃さないようにしなさい。

一播種後五日で芽が出て、二十日で開花し、七十五日で収穫する。

一古い種からは芽が出ない。

一種を蒔く日に土が乾いていたら芽の出がよい。雨降りか雨降り後の湿り気がある時に蒔くと、芽の出がよくない。また古い種は芽が出ない。

一播種時に必ず施肥しなさい。早く芽が出る。播種時に焼土を施用しなさい。

一芽が出てから十五～十六日のうちに二～三度続けて施肥しなさい。灰などをふりかけてもよい。ただし、基肥はたくさん施用すればよい。

一開花前に（株へ）土寄せしなさい。適期より遅く土寄せすると、（株が）折れて枯れてしまう。

一蒔き溝の間隔を広くとって種を蒔きなさい。（播種後）土を薄く覆うのがよい。刈草などで覆えばよい。

一背の低いソバは枝の数が少ないので、厚蒔きすればよい。背の高いソバは枝の数が多いので、間引いて株間をあけなさい。

一ソバは霜にあたると傷む作物である。ただし、（秋）土用のうちは、それほど霜害を受けない。土用を過ぎて霜が降りたら、早く刈りとりなさい。

一播種量は（肥料）一荷当り一合八勺～二合ほどである。豊作ならば、（肥料）一荷当りで七升三合ほどの収穫

一刈候節　直こなしよく落る　なま干ハ落す

一粟跡に蒔は　からをぬき　直にまく　又ハ粟の間へそバまくも有　蕎麦の跡　まきこなよし

一種ハ水にて洗ひ　干して蒔へし　如此すれハ　霜ニいたます

一そハこなし候葉粉ハ取置　米の小米の粉へ半分交へ団子ニつくるへし　和らかなる事妙也

粟

一蒔節ハ三月中より八十八夜之間　凡十日ニして生す土用より出穂す　七月節より七月中之間収む　凡百十五日ニして収む

一蒔候にハ　朝の内溝を立　はたこへを懸ケ　昼後乾き候時　箒にて隠すへし

一はだにハ焼土吉　少シかくして　跡よく踏つけてよし根の辺かかぬ様にしてよし　又ハ油糟入るもよし

がある。

一刈りとってすぐに脱穀すれば、実がよく落ちる。生乾きのものを脱穀すると、実が落ちにくい。

一アワの刈り跡にソバを蒔く場合は、アワの刈り株を抜いてすぐにソバを蒔く。またはアワの株間にソバを蒔く方法もある。ソバの跡作には蒔いた畑で育てる葉菜類がよい。

一種は水で洗って、干してから蒔きなさい。そうすれば霜害を受けない。

一ソバの実を摺《す》る時にできる不純物が混じった粉を貯えておき、屑米の粉と半々に混ぜて、ダンゴを作りなさい。柔らかくて美味《おい》しい食品になる。

アワ

一（種の）蒔き時は三月の穀雨から八十八夜の間である。（播種後）十日ほどで芽が出る。（夏の）土用から穂が出始める。七月の立秋から処暑の間に収穫する。（播種後）百十五日ほどで収穫する。

一種を蒔く時は、朝のうちに蒔き溝を作り、基肥をかけ、昼過ぎに（蒔き溝の土が）乾いてから、箒を使って土をかけなさい。

一基肥には焼土がよい。焼土で（種を）薄く覆ってから、しっかり踏みつければよい。根の周りを掻かないようにすればよい。油糟を施用してもよい。

一種を取置にハ　烟に煤気ぬ様いたすへし　烟にふすぼれ　生しかぬる也

一蒔候て　また生ぬ内　六七日小便懸る　はゑつきよし

一種穂ハ　末[35]四分一切捨　たねに取へし

一小き内　薄き小便二度計懸け　穂出候節　濃きを懸け焼灰なと入　土をかふへし　餘り肥つよけれハ　真に虫生て枯る　葉のいろ黒き悪し　小便ハ是非かくへし穂大也

一粟ハ早く間引て　肥をするよし　たとへ遅まきにても早く間引ハ却てよくなる　薄けれハ　大なる穂出る

一小き内　強きこへ悪し　粟にくセ付もの也

一麦の中にて灰を入へし　麦刈候と　直にうすき肥致へし

一惣て肥懸ケ候時　遠くより流し　葉に懸らぬ様にすへし

一肥懸け　雨の後と朝露を大に嫌ふ　葉に懸候へハ　虫生する也　雨中雨後　草をも取へからす

一穂をふくみ候時　三度計肥致へし　大なる穂出る

一（来年用の）種に煙の煤がつかないようにしなさい。煙にいぶされると芽が出にくくなる。

一播種後、芽が出る前六〜七日の間、小便をかけなさい。芽の出がよくなる。

一（来年用の）種にする穂は、先端から四分の一を切り捨てて、種用に貯えなさい。

一（株が）小さいうちに、薄めた小便を二度ほどかけ、穂が出たら濃い小便をかけ、焼灰などを施用して、（株へ）土寄せしなさい。肥料をやりすぎると、株幹に虫が入って枯れる。葉の色が濃いのはよくない。小便はかならずかけなさい。（小便をかけると）大きい穂が出る。

一アワは早い時期に間引いて、（それから）施肥すればよい。播種が遅れても、早い時期に間引けば、生育はむしろよくなる。株間を広くとると、大きい穂が出る。

一（株が）小さいうちに濃い肥料を施用してはいけない。アワが病気になる。

一（前作の）ムギを作っている時に、灰を施用しておきなさい。ムギを刈りとったら、ただちに薄めた肥料を施用しなさい。

一肥料をかける時には、常に（株から）離れた場所からかけて、（肥料が）葉にかからないようにしなさい。

一雨が降った後と、朝露が降りている時に、施肥してはいけない。葉に（肥料が）かかると虫がつく。降雨中と降雨後は、除草もしてはいけない。

一濁こへ又ハ白[36]水流し先の類　大に悪し　小便にハさ水交へ懸る方よし　根[37]こへにハ灰又ハ麦ぬか又ハ豆腐の滓を干て入　土をかふへし
一粟ひへの類　苗植ハ葉先を切てうゆへし　植ニ早きハよし　遅きハ出来かたし
一植[38]継ハ小なるをうゆへからす　長さ凡一尺二寸位強り候を植へし　小きハ生立悪し
一三四年も一所に植候へハ　はぐさ出来る也
一粟きひとも穂を切　直にからをぬくへし　肥気を吸もの也
一節粟ハ五月節ニまく　八日ニして生す　早きもの故長サ五分程間引き　急に三度程小便懸ける　濃きこへ懸け構ひなし　虫の付事なし　長サ五寸位にて土をかふ　凡六十日ニして収む　故ニ六十日粟と云
一秋粟五月節後まく　八月節出穂　九月の節収ム　次第に白くなる也　強きこへ構ひなし
一土用粟ハ青き根也　八十八夜まく　七月中収む
一秋粟とたゝ粟ハ　地肥吸取もの故　跡の作出来かたし

一穂ばらみの頃、肥料を三度ほど施用しなさい。大きい穂が出る。

一濃い液肥と米のとぎ汁の溜り水の類《たぐい》をかけるのは大いに悪い。小便にきれいな水を混ぜてかけなさい。カリ肥料として灰か麦糠か豆腐糟を施用し、覆土と土寄せをしなさい。

一アワやヒエの類は、苗を植える場合は葉先を切りとってから植えなさい。早い時期に移植するのがよい。遅いと育ちが悪くなる。

一欠株を補植する場合は、小さい株を植えてはいけない。株丈がおよそ一尺二寸以上の株を補植しなさい。小さい株は（その後の）育ちが悪い。

一三〜四年も同じ場所にアワを植えると、（姿がアワに似た）雑草が生える。

一アワとキビは、穂を切りとった直後に、株を抜きとりなさい。（株が）肥料を吸いとるからである。

一早生種のアワは五月の芒種に蒔く。（播種後）八日で芽が出る。生育が早いので、株丈が五分になったら間引き、すぐに小便を三度ほどかけなさい。濃い肥料をかけてもよい。虫がつくことはない。（株丈が）五寸ほどになったら、（株へ）土寄せする。（播種後）六十日ほどで刈りとるので、六十日アワと言う。

一秋アワは五月の芒種を過ぎてから蒔く。八月の白露に穂が出て、九月の寒露に収穫する。（株の色が）少しずつ薄くなってくる。濃い肥料を施用しても構わない。

一土用アワの根は緑色をしている。八十八夜に蒔いて、

肥ハ壱度程ニて吉
一たゝ粟ハ根より枝出る　欠《カ》き取捨へし
一こなし粟一斗ニ付　精粟五升三合弐勺余あり　あら(39)八升三千杵　二度目八升千杵計
一粟切ぬき取越共　一荷ニ付夫弐歩三厘懸る
一粟種二日水ニひたし　一日日に干し　蒔候得ハ　生立から二虫入事なし
一節粟ハ餅粟と同時ニまくも吉
一節粟餅ニ致候ハ　二十日程水ニひたし突へし　足強くなる

胡麻

一胡麻蒔節ハ　四月中より五月節之間　五日にして生す　六月中花開く　九十日経て熟す　但八月節熟す　土用中ニ蒔ても吉　但胡麻の晩蒔《ヲソ》と云て　実入少きもの也
一はたこへ焼灰吉
一胡麻のいり(40)蒔と云て　乾きたる地生立かよし　蒔て上を

七月の処暑に収穫する。

一秋アワと普通アワは耕地の肥料を多く吸いとるので、跡作物の育ちが悪い。施肥は一度ほどでよい。

一普通アワは株元から脇芽が出るので、それを摘みとって捨てなさい。

一アワ一斗を精白すると、五升三合二勺余りになる。荒搗きアワは八升を三千杵で搗き、もう一度搗く時は八升を千杵ほどで搗ける。

一アワの穂刈りと株抜き作業は、一荷につき男手で（銀貨）二分三厘の経費がかかる。

一アワの種は二日間水に浸け、一日太陽光で干して蒔けば、生育中の株に虫が入ることはない。

一早生種のアワはモチ種のアワと同じ時に蒔いてもよい。

一早生種のアワを餅に搗くには、二十日ほど水に浸けてから搗きなさい。粘りが出る。

ゴマ

一ゴマ（の種）を蒔く時期は四月の小満から五月の芒種の間で、（播種後）五日で芽が出る。六月の大暑に花が咲き、八月の白露に（播種後）九十日で熟する。（夏の）土用の間に蒔いてもよい。ただし、ゴマの遅蒔きと言って、実入りは少ない。

一基肥は焼灰がよい。

一ゴマのいり蒔きと言って、乾いた土地は芽の出がよい。

踏み　肥汁を懸け　少し土を覆ふ　[41]しるき時蒔ハ　肥事きかぬ也　生し候ハヽ早く間引　間五寸計ニ致へし
一花咲候比より　肥をするか吉
一黒胡まハ枝出る故　うすきかよし　白胡麻ハ枝なき故厚き方吉　黒胡まハ早く　白ハ晩し
一花末ニなり候ハヽ　真を摘み切捨へし　実入よし
一胡麻ハ古種ニ而も生す也
一種ハ日にさらすべからす　生しかねるよし
一胡麻ハいや地不宜

（種を）蒔いたら上を踏んで、液肥をかけてから薄く土で覆う。湿気がある時に蒔くと、施肥しても効果がない。芽が出たら、早めに間引いて、株間を五寸ほどにしなさい。

一花が咲く頃から施肥すればよい。

一黒ゴマは枝が出るので、株間を広くとればよい。白ゴマは枝が出ないので、株間を狭くするのがよい。黒ゴマは生育が早く、白ゴマは遅い。

一開花期が終わる頃に、株の上端を摘みとりなさい。実入りがよくなる。

一ゴマは古い種でも発芽する。

一種を太陽光に曝すのはよくない。芽が出にくくなるらしい。

一ゴマは連作してはいけない。

蚕豆《ソラマメ》　俗ニ云夏豆

一蒔時ハ秋の彼岸　生るハ　雨後ハ十日ニして生す　凡十三日より十五日之間生す　三月中花開き　五月中収む　但肥地ハひかん廿日後蒔へし
一[42]いやしりを七年嫌ふと云　又極寒の地を嫌ふ　出来難し

ソラマメ　俗に夏マメという

一（種の）蒔き時は秋の彼岸である。降雨後ならば十日後に芽が出る。（蒔いて）十三日から十五日ほどで芽が出る。三月の穀雨に花が咲いて、五月の夏至に収穫する。肥えた土地には、（秋の）彼岸から二十日後に（種を）蒔きなさい。

一ソラマメを作ってから七年間は、同じ土地にソラマメを作ってはいけないと言われている。また寒すぎる

一実を深く植へし　浅けれハ寒気ニ當り　枯るものなり　藁抔振懸　寒を防て吉

一春の彼岸過てハ　中を打事致へからす　根をうかつを嫌ふ　但其より前ニ土をかふへし

一花開き候時分　塩気の肥を懸へし　よく実のる也　肥を致セハ　皮うすし

一綿跡抔ニ植候得ハ　綿木十月比ぬき　豆の中うち致へし　極寒ニ至り中打ハ豆痛む也　但寒明草取　土をかふかよし　草ハ薄く削へし　根を動ハ悪し

一出来過たる時　先を切へからす　実入悪敷もの也

一[43]からさやニ成迄　ぬくへからす　ぬくと直打へし　ぬき置て雨ニ逢時ハ　実黒くなる　からさやニ而も　ぬかされハ　豆黒くならす

一豆種壱升ニ付　塩四勺水ニ入　よく洗ひ　干て植へし

一種ハ一荷ニ三合三勺位

土地では十分に育たない。

一種は深く埋めなさい。浅いと寒気に触れて（芽が）枯れる。藁などを上に振りかけて、寒さよけにすればよい。

一春の彼岸が過ぎたら、中耕してはいけない。（ソラマメは）根を切りとられるのを嫌う。土寄せは彼岸前におこないなさい。

一花が咲く頃に塩気を含む肥料を施用しなさい。実入りがよくなる。施肥すれば（実の）皮が薄くなる。

一ワタの株間にソラマメを植える場合は、ワタの株を十月頃に抜き、（芽が出ている）ソラマメの株間を中耕しなさい。厳寒期になってから中耕すると、株が傷む。寒明けに除草と土寄せをすればよい。雑草は薄く削りとりなさい。（ソラマメの）根を動かすのはよくないからである。

一出来がよすぎる場合は、株の上端を摘みとってはいけない。実入りが悪くなる。

一豆の莢が枯れるまで株を抜いてはいけない。株を抜いたら、すぐに打って豆をとり出しなさい。株を抜いた後で雨にあうと豆が黒くなる。枯れた莢でも、株を抜かなければ、豆は黒くならない。

一ソラマメの種一升につき塩四勺を水に混ぜて、（種を）よく洗い、干してから蒔きなさい。

一種（の量）は肥料一荷に三合三勺ほどである。

ゑん豆

一蒔節秋の彼岸　十日より十二日之間ニ生す
　但彼岸より十月中迄　九月節を吉とす
一竹の梢(44)を土をかふ跡ニて立登らすへし　実入よし　地をはゑハ　下たくみ朽る也
一収候節　青き末をハ切て　ぬくやいな打へし　よく落るもの也

エンドウ

一（種の）蒔き時は秋の彼岸で、（播種後）十日から十二日の間に芽が出る。ただし、（秋の）彼岸から十月の小雪までの間に蒔きなさい。（蒔き時は）九月の寒露がよい。

一（株へ）土寄せしてからタケの枝を立てて、蔓《つる》を這い上らせなさい。実入りがよくなる。蔓を寝かせておくと、株の下部が腐ってくる。

一収穫時に緑色が残っている株の先端を摘みとっておき、株を引き抜いた直後に打てば、豆は（莢から）容易にはずれる。

小豆

一蒔節ハ半夏より土用之間　凡八日ニして生す
　但土用ニ入候時分か吉　尤瘠地ハ土用四五日前か吉
　肥たる土地ハ土用入かよし　但生て土用の風ニ逢ハよし共云　小豆の(45)とまきハ葉肥て実少し
一肥ハ致へからす
一八月節後花ひらき　秋土用熟す　凡百日ニして収《シダ》るもの也

アズキ

一（種の）蒔き時は半夏生から（夏の）土用の間である。（播種後）八日ほどで芽が出る。ただし、（蒔き時は）土用に入る頃がよい。瘠せた土地ならば、土用入り四〜五日前がよい。肥えた土地は土用に入ってからがよい。ただし、出た芽を土用の風に当てればよいとも言う。アズキを適期より早く蒔くと、葉は立派だが、実入りは少ない。

一肥料を施用してはいけない。

一八月の白露後に花が咲いて、秋の土用に熟する。（播

一種ハ一荷懸ニ付六匂三才程
一綿のほ[46]とらニ植もよし
一夏小豆ハ　春の土用ニまき　夏収むるもの也

茄子《ナス》

一苗伏るハ春の彼岸　三月中生す　四月節中葉出ツ　六月節なる
一なへハ中葉出たる時　雨降を見かけてこき　小便二度程懸れハ　よく生立也
一植候後　日にて日な[47]へ候てつき候方　後日枯候事なし
一植候節　濃き小便沢山ニ懸くへし　是ニ而つき候迄構事なし
一北をうけたる陰地よし
一掘[48]こへハ　干な又ハゑん豆のから　又ハ雞ふん別てよし　油糟も吉
一刈草ニて木を包候様置へからす　木皮朽て枯る也　干なも同し

種後）百日ほどで収穫する作物である。

一（蒔く）種の量は肥料一荷当り六匂三才ほどである。

一ワタの傍《かたわ》らに間作するのもよい。

一夏アズキは春の土用に蒔き、夏に収穫する。

ナス

一苗床に播種する時期は春の彼岸で、三月の穀雨に芽が出る。四月の立夏に本葉が出る。六月の小暑に実が着く。

一苗は本葉が出たら、雨の日に移植し、小便を二度ほどかけると、よく生育する。

一定植してから、太陽光に当って元気がなくなった後に活着した苗は、後日枯れることはない。

一定植する時、濃い小便をたくさんかけなさい。こうしておけば、活着するまで手入れしなくてもよい。

一（ナスを育てる土地は）北向きの陰地がよい。

一土に埋込む肥料には、干し菜かエンドウの空莢《からさや》か鶏糞がとりわけよく効く。油糟もよい。

一ナスの株に刈りとった草を包むように置いてはいけない。ナスの株の表皮が腐って枯れる。ナスの株を干し菜で包むのもよくない。

一ナスは早生種と晩生種を交互に並べて植える。早生種は実を五～六個収穫したら抜きとる。

一早なす晩なす壱本交ニうゆ　早きハ五ツ六ツ計なれハぬき取る
一壱番の元なり　茄子種ニ致セハ　早なすニなる
一種ハ前年より地をほり　埋め置　彼岸前出すへし
一枯《マヒ》候ニハ　兼て荒和布《アラメ》の煎し汁を冷し　根へ少シツヽ懸る也
一惣而水肥多致ハ　宜からす　梅雨後晴候時　枯出来る根へ掘肥よろし
一六七年にもなる古種を蒔候へハ　至而早くなる也

瓜　漬うり

一白瓜漬瓜とも作様同し事也　但白瓜ハ至而出来難し漬瓜ハ作りよき也
一蒔節ハ　柿の葉ニ種三粒置れ候節　まく旬とする也凡三《サン》月半なり　凡十三日ニして生す　四月節蒔ハ　十日ニして生す
一実うへ吉　苗植ハおくるヽ也

一一番なりの実を種に使えば早生種になる。

一種は前の年から土を掘って埋めておき、（春の）彼岸前に掘り出しなさい。

一日頃からアラメを煎じて冷ました汁を作っておいて、枯れかけた（ナスの）株の根元に少しずつかけなさい。

一何事も薄い液肥を多くかけるのはよくない。梅雨後に晴れると、枯れてしまうからである。土を掘って肥料を入れるとよい。

一六〜七年前の古種を蒔けば、結実がかなり早くなる。

ウリ　漬物用のウリ

一シロウリと漬物用ウリの育て方は同じである。ただし、シロウリは育てるのが難しく、漬物用ウリは育てるのが容易である。

一種蒔きの適期は、カキの葉に（ウリの）種三粒を並べて置ける時で、三月中旬頃である。播種後十三日ほどで芽が出る。四月の立夏に蒔けば、十日後に芽が出る。

一蒔いた場所でそのまま育てるのがよい。苗を移植する

一弐ツ葉より三ツ葉出ると真を切り　子つる出て　又葉三ツ置き真をきる　夫より孫つる出て　是ニうりなる也　瓜なると其先を葉三ツ計置　真を切ハ　瓜大きニなる　如此ニしておこり候様　真を切へし

一瓜には生小便よし　地のしまる方吉　油糟類よし　大便灰の類悪し　雞ふん根より六七寸外ニ掘込か吉

一根近くへ肥汁を懸くれハ　生り候時分　小き白虫生して　つる忽ち枯る也　其時日中ニ早く根を掘　虫を取小便懸へし　根の辺へ灰又ハ掃きため抔　入へからすかならす虫生す

一虫付たる時ハ　椿の油糟上へふり懸れハ　虫死すとも云

一瓜ハ土ニ付ぬ様　麦藁抔敷へし　疵あらハ　上へなし座⑷をかふ

一うりハ雨後　日強く照り候時　心懸根を見れハ　根虫上へ出る也　又ハ木うり中⑸こを切り　瓜の根の辺ニ置ハ　是へ虫よるを取へし

一うりの辺にハ　麦わらを早く置へし　土へ直ニ付きてと、育ちが遅くなる。

一葉が二〜三枚出たら芽の先端を摘みとり、子蔓が出たら、また葉を三枚残して先端を摘みとる。そこから孫蔓が出て、この孫蔓にウリの実が着く。ウリの実が着いたら、実より先の葉三枚を残して、その先を摘みとれば、ウリの実が大きくなる。この要領で、実が着くように蔓の先端を摘みとりなさい。

一ウリの肥料は（発酵していない）生小便がよい。土のしまりがよくなる肥料がよい。油糟類がよい。大便と灰の類はよくない。鶏糞は（ウリの）根元から六〜七寸離れた場所に、穴を掘って施用すればよい。

一根元近くに液肥をかけると、実が着く時期に白い虫がついて、蔓はたちまち枯れる。その時は昼間に手早く根を掘りあげて、虫をとってから、小便をかけなさい。根の周りに灰や掃きだめゴミを施用してはいけない。これらを施用すると、必ず虫がつく。

一虫がついたら、ツバキ油の糟を虫に振りかけると、虫が死ぬとも言われている。

一ウリの実に土がつかないように、（実の下に）ムギ藁などを敷きなさい。実にキズがあれば、キズの部分が上になるように位置を変えなさい。

一雨が上って日差しが強い時にウリの根元をよく見ると、根虫が上に出てきている（ので、とり捨てなさい）。またはキュウリの実の中子《なかご》を切りとって、ウリの根元辺りに置けば、中子に虫が寄り集まるので、とり捨てなさい。

ハ　瓜を根虫食す
一虫生する時ハ　木灰のあくを懸へし
一虫付たる時ハ　ねば土おだて　根ニ懸へし
一同　きうりを切　瓜の根際少土をのけ置く　虫是へよ
るを取捨へし

胡瓜《キウリ》

一蒔節ハ二月中　凡十三日ニして生す

水瓜　西瓜《スイカ》

一蒔節白瓜ニ同し
一水瓜ハ真を切らす　壱番ニ生り候ハ切捨へし　大ニな
らす　二番生りを見候ハヽ　二葉計置て真を止むへし
夫より朝夕肥汁を懸くへし　但壱尺程脇ニ致すへし
根より萌出候ハヽ　毎日切捨へし　とかく水瓜へ精の
行候様ニ致すへし　若二番なり朽て落候ハヽ　元より

一ウリの実の周りに早い時期から麦藁を敷きなさい。土に直接置くと、実を根虫が食べてしまう。

一虫がついたら、木灰の汁をかけなさい。

一虫がついたら、粘り気のある土を砕いて、根にかけなさい。

一虫がついたら、キュウリ（の実）を切り、ウリの根際の土を少し掘りとって（キュウリの実を）置けば、虫が寄り集まるので、とり捨てなさい。

キュウリ

一種蒔きの適期は二月の春分で、播種後十三日ほどで芽が出る。

スイカ

一種蒔きの適期はシロウリと同じである。

一スイカは蔓の先端を摘みとらずにおいて、最初の実が着いたら、その実は摘みとりなさい。一番なりの実は大きくならない。二番目の実が着いたら、実より先に付いている葉を二枚ほど残して、蔓の先を摘みとりなさい。その後は朝夕に液肥をかけなさい。ただし、蔓から一尺ほど離れた所にかけなさい。根元から脇芽が出てきたら、毎日摘みとりなさい。スイ

出候萌を延し　三番生を取へし
一水瓜并瓜ニ而も　五月末迄ハ肥をし　手をいれるハ不宜　惣而中うち悪し　土の懸る悪し　根ハしまるか吉
一水瓜ハまつ直ニ居て　毎朝座をかふへし
一根こへ強きかよし　但近く入て吉　根の広からぬもの也　干鰯油糟よし
一生り子見へ候ハヽ　朝夕肥汁を懸へし　少けれハ朽て落る也

ユフガウ

一蒔時ハ三月節中之間　上村の上畑ニ植れ風味吉
一五葉計出たる時　真を取　枝出る
一肥ハ葉先のひ候所へ致へし　雜ふんハ地上ニふりまき置へし
一油糟又ハ白水ニ小便交セ《マ》　沢山ニ毎夕懸くへし

カが肥料を吸いとって、元気になるように心がけなさい。もし二番なりの実が腐って、蔓から落ちてしまったら、根元近くから出ている蔓を伸ばして、三番なりの実を収穫しなさい。

一スイカもウリも五月末までは施肥と手入れをするのはよくない。中耕してはいけない。（株元に）土がかかるのがよくないからである。丈夫な根になるように育てなさい。

一スイカの実は正しい位置に置き、毎朝置く場所を変えなさい。

一カリ肥料を大量に施用しなさい。ただし、根際に施用しなさい。（スイカの）根は広がらないからである。（肥料は）干鰯と油糟がよい。

一実が着いたら朝夕液肥を施用しなさい。肥料の量が少ないと、実が腐って蔓から落ちてしまう。

ユウガオ

一種蒔きの適期は三月の清明から穀雨までの間である。上村の上畑で作るユウガオは風味がよい。

一葉が五枚ほどついた時に蔓の先を摘みとると、脇芽が出てくる。

一肥料は蔓の先が伸びる所へ施用しなさい。鶏糞は地表に振りまきなさい。

一毎日夕方に、油糟か米のとぎ汁に小便を混ぜた肥料を

一取候時分ハ　花の咲候より凡十七八日程経て取　むく
へし

トウ茄子《ナス》　作積ハ瓜ニ同し事也

一蒔節三月中　十日ニして生す　三粒うへて生立よきを
取置　ぬき捨へし
一実ハ年を隔たる種を蒔ハ　味よく　目こまか也
一なり子[51]を見て　三節ニ而真を止る　又ハなり子の際よ
り極て枝出候　是を摘切へし
一地をはゑハ悪し　垣おして登れハ　風入て多く生る也
一いわし一ツツ、根ニ掘入へし
一肥ハ雞ふん壁土よし　水こへ悪し　濁こへハ吉　小便
悪し
一うへ候時ハ　はき溜ヲ入　其上ニ植へし
一あた花[52]蕾の内日々取捨へし　如此すれハ　実入よし
一座蒔ハ柿の木少シ芽立候時　苗植ニ致候ハ　三月節後
一夕水ニ漬シ　植へし

たくさんかけなさい。
一実を収穫する時期は、開花後およそ十七～十八日後で
ある。収穫した実（の皮）をむきなさい。

カボチャ　作り方はウリとおなじである

一種蒔きの適期は三月の穀雨で、（播種後）十日で芽が
出る。三粒の種を蒔いて、生育がよい株以外の芽は
抜き捨てなさい。
一古い種を蒔けば味のよい実が着き、実の中が充実して
いる。
一実が着いたら、実の三節先のところで蔓を摘みとる。
また、実が着いた場所の横から脇芽が出たら、摘み
とりなさい。
一地を這わせる作り方はよくない。支柱をしてやれば、
それに（蔓が）からまって伸びるので、風通しがよ
くなって、実がたくさん着く。
一株の根際を掘って、干鰯を一匹ずつ施用しなさい。
一肥料は鶏糞と壁土がよい。薄い液肥はよくない。濃い
液肥ならばよい。小便はよくない。
一移植する時には、掃きだめ肥料を施用して、その上に
（苗を）植えなさい。
一雄花は蕾《つぼみ》のうちから、見つけ次第摘みとりなさい。そ
うすれば充実した実が着く。

一はた肥ハ　うすき水こへ灰少し入へし
一惣而うりの類ハ苗ニうへ　二葉の時本座に植へし　よくつき申候　中葉出候而ハ不宜候
一跡の大ニ瘠るもの也　心得有へし

さつま芋

一芋種ハ　懸目百目ニ芋数弐ツ位なるより小なる方よし　す[53]べのよきハ悪し　はた荒く　又ハわれたるか芋種ニよし
一苗種ニハ芽の方　但逆にならぬ様　逆ニなれハ芽出晩し　上ニなしうゆへし　鰯肥抔　毎度懸くへし　早く生立候様　暖なる地ニ致へし
一苗植ハ二月中比
一苗座ニ而つる延ひ候ハヽ　植時節五月中より半夏の間晴天大雨日悪し　但小雨《シボシボアメ》之日を見て植ゆ

一カキの木の芽が出る時に、移植苗用の種を苗床に蒔く場合は、三月の清明過ぎに種を一晩水に漬けてから蒔きなさい。

一基肥は、灰を少量入れた薄い液肥をかけなさい。

一すべてウリの類は苗床で発芽させて、双葉の時に本畑へ移植すれば、よく活着する。本葉が出てから移植するのはよくない。

一（カボチャを作った）跡は畑が瘠せることを心得ておきなさい。

サツマイモ

一種イモは二個で百匁よりも軽いほうがよい。皮がなめらかなイモは（種イモには）適さない。皮のきめが粗いイモか、割れ目が入っているイモが（種イモに）よい。

一種イモは芽が出る部分が下向きにならないように植えなさい。下向きに植えると、芽の出が遅くなる。（芽が出る部分が）上向きになるように植えなさい。干鰯などの肥料を頻繁に施用しなさい。早く芽が出るように暖かい場所に植えなさい。

一種イモを植えるのは二月の春分頃である。

一苗床で伸びた蔓を移植するのは、五月の夏至から半夏生の間である。晴天の日と大雨の日に移植してはい

一つるハ三節ツヽニ切
二節ハ土へ埋込み
壱節上へ出す　是より芽を出す　若苗ニ白き根出候ハヽ　取てうゆへし
間ハ　凡壱尺計　土ハ浅《アサ》くうゆへし

一六月草を刈　芋の左右へ置　上へ土をかふへし　又草を間へ沢山ニ入へし　芋より白根下さすして吉
一六七月の比　雨降候後　壱二日置　つるを動し　座をかふへし　如此致して　とかく根のおりぬ様ニ致へし
一肥汁ハ一向ニ致へからす　秋の土用前　濁肥壱度かくへし　芋実入よし　早くかくれハ　葉肥て悪し　流し先と濁肥半分　又ハ夏の土用過より二三度肥汁を懸へしとも云
一浅き土地よく出来る也　深き地ハ芋長くなる也
一四月節より中之間出芽
一苗座ハ肥たる地面かよし
一芋種ハ春になると馬屋肥の中へ入れ　少々芽吹候時土へおろし　肥汁《シ》を致へし　とかく早く芽出候様致へし

けない。小雨の日に植えなさい。

一葉が付いている（蔓の）節三つを一組にして切りとり、二つの節は土へ埋込み、一つの節が地表に出るように植えなさい。この節から芽が出る。苗蔓から白い根が出ていたら、切りとってから移植しなさい。（植える蔓の）間隔は一尺ほどで、浅く植えなさい。

ここから切る　ここから切る

一六月に草刈りをし、刈った草をイモ蔓の左右に置いて、土をかけなさい。また（刈った）草を蔓の下にたくさん置きなさい。イモ蔓から不要な根が出ないようにするためである。

一六〜七月の頃、雨が降ったら、一〜二日後に蔓を動かして、位置を変えなさい。このようにして、なるべく不要な根が出ないようにしなさい。

一液肥をかけてはいけない。秋の土用前に濃い液肥を一度かけなさい。充実したイモができる。施肥の時期が早いと、葉が茂ってよくない。台所からの溜り水と、濃い液肥を半分ずつ（混ぜて）かけなさい。夏の土用が過ぎたら、液肥を二〜三度かけよとも言われている。

一（サツマイモは）耕土が浅い土地によくできる。耕土が深いと長いイモになる。

一四月の立夏から小満の間に（種イモから）芽が出る。

一苗床は肥えた土地がよい。

一種イモは春になったら厩肥の中に入れて、少し芽が出

一壱番の芽植　夫より二番芽を取植る　極暑の時　二番芽を植るにハ　上へ麦藁又ハ草抔覆ふへし

一芋を貯ゆるには　家の内地を深くほり　芋ハ掘やいな直ニ貯ゆれ朽さる也　久く乾ハ朽るものなり

人参

一前年の人参　六月節実入候を直ニ蒔候得ハ　大きなる根入よし　早蒔ハ却て根入悪し　葉計食ハ三月中まく

一溝を切　種を下し　上へ灰を振　其侭にて隠ぬ方よし

一小便四五度　焼土壱度入れハ　赤き人参出来る

一土地ハ砂地よく出来る

一種を取にハ　真[54]のとう計残し　枝を取へし　真ハ赤し枝ハ白しと云　四月節とうたつ　五月節前花　六月節実入る　是を直ニまく也

一赤くするハ　冬ぬき候て　一二夕霜に當れハ赤くなる

た頃に苗床へ移して、液肥をかけなさい。なるべく早く芽が出るようにしなさい。

一最初に出た蔓を定植した後、次に出た蔓を摘んで定植しなさい。もっとも暑い時期に、遅れて出た蔓を定植する時は、（蔓の）上を麦藁か草などで覆いなさい。

一サツマイモを貯えるには、家屋の中に穴を深く掘って貯えなさい。掘りとったイモをすぐに穴に入れて貯えれば、腐ることはない。長い時間乾かすと（イモが）腐る。

ニンジン

一前の年から（越年して）作ったニンジンは六月の小暑に種ができるので、すぐにその種を蒔けば、根の太いニンジンができるという。早蒔きすると、根が太らない。葉を食べるためだけに作るニンジンは、三月の穀雨に種を蒔く。

一（種を蒔くための）溝を切って種を蒔き、（蒔いた種の上に）灰を振りかけたままにしておき、土で覆わないほうがよい。

一小便を四～五度かけ、焼土を一度施用すれば、赤いニンジンができる。

一（ニンジンは）砂地でよいものができる。

一種をとるには、（脇枝を摘みとって）花茎だけを残しなさい。花茎は赤く、脇枝は白いという。四月の立

午房

一蒔節ハ彼岸より三月節之間　凡十五日ニして生す　二月節まき　廿日ニして生す　但正月末蒔も吉　古種ハ生ぬもの也　はたニけいふん入候よし

一蒔候節　はたこへ濁肥強き方よし　夫より梅雨中迄こへ致候ハ不宜　梅雨中肥汁を雨中ニ一二度致へし　但葉の残位迄ニこへ懸るあし

一初年　地を深く穿ち置候得ハ　三年一所ニ而作へし　但枯葉をよく取捨へし　穿ち候時　芝土又ハ松葉底へ入候か吉

一午房ニハ灰悪し　稲の藁大ニ忌むもの也　黒き筋入る也

一地底の苦土上へ出れハ　午房出来す

一種蒔候節覆ハ　籾ハ吉　又ハ芝草か

夏に花茎が出る。五月の芒種前に開花して、六月の小暑に種が熟する。この種をすぐに蒔きなさい。

一（ニンジンを）赤くするには、冬に根を抜いて、一〜二晩霜に当てれば赤くなる。

ゴボウ

一（春の）彼岸から三月の清明の間に種を蒔く。播種後十五日ほどで芽が出る。二月の啓蟄に蒔けば、二十日で芽が出る。ただし、一月末に蒔いてもよい。古い種は芽が出ない。基肥には鶏糞を施用すればよい。

一基肥には濃い液肥がよい。その後、梅雨の時期になるまでは、施肥しないほうがよい。梅雨の時期に、雨が降っている時に液肥を一〜二度かけなさい。ただし、葉が残るほど多くかけてはいけない。

一第一年目に土を深く起こしておけば、三年間は同じ畑で作ることができる。ただし、（ゴボウの）枯葉は丁寧にとり除きなさい。土を起こす時に、芝土か松葉を底に入れるとよい。

一灰をゴボウの肥料に使わないこと。稲藁は非常によくない。（ゴボウの根に）黒い筋が入るからである。

一（掘り起こす時に）底土が上になると、（その土では）ゴボウはできない。

一蒔いた種の上を籾で覆えばよい。芝草で覆ってもよい。

一液肥をかける時は、根際ではなく、株と株の間にかけ

一肥汁を懸候ニ　根際に懸くへからす　間にかくへし

一八九月比　午房の間を掘　濁肥壱度入るへし

一午房ハ茎太く又ハ葉の大きなるハ　横根多と知へし　ぬき取へし　茎ハ細きか吉

一芋を植たる跡ニ午房まくへし

一まきはたへ米ぬか入るもよし

一貯ゆるにハ　葉の切口ニ灰を塗付か吉　芽出す

生姜

一植時ハ四月節　五月中生す

一真地とこみ砂半分交セ　浅く植る　但芽を下へ向けるか吉　はたこへ其外毎度肥汁懸くへし　溝土も吉

一茶がらハ上へふる　又ハ馬糞も吉

一むくろ不入様ニ手當致へし

一新芽出候而　七月比古根ハこぎ取へし　又ハ夏ノ土用とも云　やはり有てハ新根出来難し

一掘取ハ九月末に取　よく干し貯ゆれハ　来春迄持つ

なさい。

一八～九月頃にゴボウの株間を掘って、濃い液肥を一度かけなさい。

一茎が太いか葉が大きいゴボウは、横根が多いと心得なさい。そのような株は抜きとりなさい。茎が細いのがよいゴボウである。

一サトイモを植えた跡地にゴボウ（の種）を蒔きなさい。

一種を蒔く時に米糠を施用するのもよい。

一（ゴボウの根を）貯蔵するには、葉の切り口に灰を塗りつければよい。そうしておけば、芽が出ない。

ショウガ

一定植の適期は四月の立夏で、五月の夏至に芽が出る。

一壌土にゴミと砂混りの土を半分ずつ交ぜた土へ浅く植える。芽を下向きに植えるのがよい。基肥をはじめとして、肥料は液肥をかけなさい。溝に溜る土もよい肥料になる。

一茶ガラを（ショウガを植えた土の）上に振りかけなさい。馬糞を施用してもよい。

一モグラが入らないように処置しなさい。

一新芽が出たら、古い根は七月頃にこぎとりなさい。夏の土用にこぎとれとも言われている。古根があると、新しい根ができにくいからである。

一貯ゆるには　堀出すや直ニ地に埋へし　乾くハ大ニ悪し　朽る也　又苗生姜も乾くハ悪し　直ニうゆへし
一いや地いよいよ吉　至而軽き土吉
一新芽二寸程出候節　肥土一寸余も上へ懸れハ　よく出来るもの也

茶

一當国江見辺[55]　茶製ハ夏の土用初より茶を刈　釜ニ而湯て　葉色黒くなると上け　切り　ゆで汁を懸けなから手にてよく揉《モ》み　夫より一緒ニして莚抔覆ひ　一夕置明日日ニ而干て吉　但もみて葉よりあわ出候迄致か吉
一寒前には馬や肥を上ニ覆ふへし
一芸州ニ而ハ　茶の葉をこぎ取　切り候而　よく洗ひ直ニ釜のこうらへ入　煎《イリ》て干す也　味悪し
一丹波国ニ而ハ　湯てたる葉を臼に入　つきて干と云

一根を掘りとる時期は九月末である。よく干してから貯えれば、来年の春まで保存できる。

一根を貯えるには、掘り出してすぐに土に埋めなさい。根が乾くのは、おおいに悪い。腐ってしまう。また、定植するショウガ苗が乾くのもよくないので、（掘り出したら）すぐに植えなさい。

一連作障害はない。できるだけ軽い土に植えるのがよい。

一新芽が（地表面から）二寸ほど出た時に、肥えた土を一寸ほど上にかければ、出来がよくなる。

チャ

一当（美作）国江見周辺の製茶法は、夏の土用初めからチャ葉を刈り、釜でゆで、葉の色が濃くなったら釜から出して、葉を切り刻み、ゆで汁をかけながら手でよく揉み、（ひとかたまりに）まとめて莚などで覆って一晩置き、次の日に太陽光で干せばよい。ただし、葉から泡が出るまで揉むのがよい。

一寒に入る前に（チャ樹の株際へ）厩肥を覆いかけなさい。

一安芸国ではチャ葉をこぎとり、切ってよく洗い、すぐに釜に入れて煎ってから干す。（この製法は茶の）味がよくない。

一丹波国ではゆでたチャ葉を臼に入れて、搗いてから干すらしい。

芽茶

一茶を摘にハ　真を除き　よく開きたる葉弐枚ツ、つむへし　真のいまた開かさる葉ハ　茶の味なし　茎ハ味苦し　茎より切取ハ　大ニ悪しと云
一茶の芽出候ハ　三月中より出る　四月節より四月中を摘む旬とす
一茶を蒸し　取上け　手にて押もみ　青き汁出る迄　夫より竹器ニ薄くひろげ　陰乾する事三日計　夫より鍋にてほうじ　貯置
　但此法ハ　早く茶の香失ると承る
一(56)當国中谷製法ハ　土鍋にて緩火《ユルキヒ》を以て熬る　茶へ温気入たる時　上けもむ　又鍋ニ入　いるもむ　如此する事三度　夫より鍋ニ而いる計致候事十三四度　但ゆるき火ニ而茶ニ少々あたゝまり入れハ上け　火気をさまし如此致事十三四度及ひ　壺《ツホ》ニ貯へ　気をとめ置へし
一実を蒔候ハ前年十月拾ひ　地へ埋置　春彼岸ニ蒔へし　四月中より生るもの也　草又ハ木の葉上ニふる

芽チャ

一チャ葉を摘む場合は、（どの枝も）先端の葉は残しておいて、（その下の）十分に開いた葉二枚を摘みとりなさい。（枝の）先端のまだ開いていない葉は茶の味がしない。茎は苦いので、茎から摘みとることは、決してしないほうがよいらしい。

一チャの芽は三月の穀雨から出るので、四月の立夏から小満の間が、チャ摘みの適期である。

一蒸したチャ葉をとりあげて、深緑色の汁が出るまで手で押し揉みなさい。それからタケの器に薄く広げて三日ほど陰干ししなさい。そして、鍋で焙《ほう》じてから貯えなさい。ただし、この製茶法は茶の香りが早く抜けると聞いている。

一当（美作）国中谷地区の製茶法は、（チャ葉を）土鍋に入れて緩火《ゆるび》で煎り、チャ葉に熱気が伝わったら、（土鍋から）とりあげて揉み、また土鍋に入れて煎って揉む作業を三度繰返す。それから鍋で十三〜四回煎る。ただし、緩火で煎り、（チャ葉が）少し暖まったらとりあげて、熱を冷ます。この作業を十三〜四回繰返した後、壺に封入して、香りを保つようにしなさい。

一チャの実を蒔く場合は、前年の十月に実を拾って、土に埋めておき、春の彼岸に蒔きなさい。四月の小満から芽が出始める。芽の上に草か木の葉を振りかけ

一茶花実落　九月中より十月節也

烟草

一苗を伏るには　よく土を踏堅め　烟草子をまく　上を覆すして吉　但実を木灰ニ交せてまくへし　村なく生す

一梅雨中ニ種ゆる

一肥へハ馬屋こへ第一也　又ハ豆腐の滓《カス》をくもし入て吉　小便を懸れハ　火つきかぬる也

一虫除ニハ　(57)せんたの木葉干し　粉ニして真へふれハ　虫生セす

一鶏ふんハよし　鳩糞ハ烟草の風味　ふんくさし

一(58)ひうしと云草を刈り　根ニ入へし

一八十八夜前後　(59)艾を刈　くもしに入　ぬか又ハあめ糟等を交せ　くもし置入へし　豆腐の糟も吉

愚考　豆ふかす　あめ糟　ぬか等　肥坪ニ入　朽候をくもしにかけても吉

なさい。

一チャの実が落ちるのは、九月の霜降から十月の立冬の間である。

タバコ

一タバコの種を蒔く苗床は、土をよく踏み固めてから種を蒔き、種の上を土で覆わないほうがよい。種は木灰に交ぜて蒔きなさい。そうすれば、むらなく芽が出る。

一梅雨の間に苗を移植しなさい。

一肥料は厩肥がもっともよい。豆腐糟を発酵させた肥料を施用してもよい。小便をかけると、タバコに火がつきにくくなる。

一虫除けには、センダンの葉を干してから粉にしたものを、株の軸に振りかければ、虫がつくことはない。

一鶏糞を施用するのはよいが、鳩糞を施用するとタバコが糞臭くなる。

一ひうし（カラムシ）という名の草を刈って、タバコの株元に施用しなさい。

一八十八夜前後にヨモギを刈りとって、堆肥に混ぜる。糠か飴糟などを混ぜて、発酵させてから施用するのもよい。豆腐糟もよい肥料になる。私が考えるに、豆腐糟や飴糟や糠などを肥料溜に入れ、腐らせてか

一烟草ハ植て出来葉見へ候迄ハ　濁肥毎度致へし　構ひなし　馬肥ハ弥よし
一大豆をよく煮てくもし　二三日置て　弐本之間へ十つぶ程ツヽ入てよし　ぬか又ハ艾青葉抔交セくもすハ弥よし
一葉少し黄ニ成候時　かき取　一夕莚ニ而ねセ　取出し縄ニさし　陰干ニする
(付箋)
烟草苗代ニハ　苗床土よくこなし堅め　其上へひたと小石を並へ　其間ニ生候様ニまくへし　床土ハ床下の土よろし

藍《アヒ》

一あひ苗揃へて　葉先の揃ふか吉　数ハ凡五六本植る也　間ハ凡壱尺五寸計置へし
一肥ハ第一干鰯吉　其外魚こへ又ハ流し先懸候ハ　晴雨共忌事なし

ら堆肥に混ぜるのもよい。

一タバコは移植した後、（掻きとる）葉が出るまでは、頻繁に濃い液肥をかけなさい。厩肥はもっと効果がある。

一ダイズをよく煮てから発酵させ、二～三日後にタバコの株間へ十粒ほどずつ施用すればよい。糠かヨモギの青葉を混ぜて発酵させればなおよい。

一タバコの葉が少し黄ばんだ時に葉を掻きとり、莚をかぶせて一晩置いてからとり出し、縄で葉を編込み、陰干しにする。

(付箋)

タバコの苗床は、苗床の土を十分に砕いてから固め、その上に小石をきれいに並べて、小石の間からタバコの芽が出るように蒔きなさい。苗床に使う土は床下の土がよい。

アイ

一アイの苗は、束ねて葉先が揃うのがよい苗である。五～六本を一株にまとめて植える。株間は一尺五寸ほどがよい。

一もっともよく効く肥料は干鰯である。その他、魚を素材にする肥料と台所からの溜り水をかけておけば、

一土地ハ深き地面吉
一あひハ湿地を嫌ふ　よく乾く地ニ強き肥をするか吉
一苅時ハ土用過より　刈候前日小便をかける　葉ニ性強し
一藍ハ地のこへを吸て　跡の作出来ぬもの也
一苅候前日　小便かくへし

紅花

一蒔時ハ秋のひ岸　凡十二日ニして生す　又ハ春二月も吉
一年内薄き肥汁毎度懸　春ニなると小便懸くへし
一肥ハ第一干鰯吉
一五月節より花開く　初より凡十日計ニ而真紅登る　此時を摘む旬とす　朝露之内又ハ晩方七ツ時より日中ニ摘ならハ　水を打へし
一薬用ニ致ニハ　日中よく乾きたる時摘む　但多く末ニ咲候花を致す事也
一摘には銀杏の葉の形ニ取か吉と云

晴天でも雨天でも、肥料負けすることはない。

一耕土は深いほうがよい。

一アイは湿気のある土地を嫌う。十分に乾いた土地に濃い肥料を施用すればよい。

一刈りとる時期は、（夏の）土用過ぎからである。刈りとる前の日に小便をかけると、葉に活力がつく。

一アイは耕地の肥料分をたくさん吸いとるので、跡作物の出来がよくない。

一刈りとる前の日に小便をかけなさい。

ベニバナ

一播種適期は秋の彼岸で、十二日ほどで芽が出る。春二月に蒔いてもよい。

一（秋の彼岸に蒔いたものには）その年のうちは薄い液肥を頻繁にかけ、（翌年の）春に小便をかけなさい。

一もっともよく効く肥料は干鰯である。

一五月の芒種から花が咲き始めて、開花後十日ほど過ぎると花の色が深紅になるので、その時が摘みとりの適期である。朝のまだ露が降りている時間がよい。晩の七ツ（十六時）以前の日中に摘む場合は、（花に）水を振りかけなさい。

一薬に使う場合は、日中の空気が乾いている時間に摘みなさい。ただし、株の先のほうにたくさん着いてい

一伯州[60]赤碕辺ニ而ハ　強き竹箆ニ而取　凡十ウ計も一緒ニ取　一固りニなる　是を器ニ入　水ひたひたニして一宿経て黄汁堅く絞り捨　烈日に曝す

みとりさゝげ

一蒔節ハ八十八夜より四月節より中の間ニまく　六月節より花　同中収む　蒔て十日ニして生す　凡九十日経て熟す

一麦ニ土かい候而　麦より弐三寸横ニ穴をつき　植るかよし　溝の底ニ植れハ　生立不宜　焼土よろし　穴ハ浅きか吉　深けれハ不生

一いやしり不宜

一種ハ一荷ニ付五勺宛

一麦を刈たる時　さゝけの上へ覆候様ニ置へからす　さゝけ消るもの也

一赤き豆ハ早し　黒きさゝけハ遅し

る花を摘みなさい。

一花の摘み方は、イチョウの葉の形に摘むのがよいと言われている。

一伯耆国の赤碕《あかさき》周辺では、丈夫なタケ箆《へら》を使って花を摘む。花十個ほどをひとまとめにして摘みとり、器に入れて、器の中を水で満杯にし、一晩置いてから、黄色の汁を十分に絞りとって、強い太陽光に曝す。

豆をとるササゲ

一播種適期は八十八夜から四月の立夏と小満の間である。六月の小暑から花が咲き始めて、同月の大暑に収穫する。播種後十日で芽が出る。（播種後）九十日ほどで豆が完熟する。

一ムギに土寄せし、ムギ株から横へ二〜三寸離れた場所に穴をあけて、種を蒔けばよい。（畦《うね》間の）溝のもっとも低い所に蒔くと芽の出がよくない。肥料は焼土がよい。植え穴は浅いほうがよい。穴が深いと芽が出ない。

一連作してはいけない。

一種の量は、肥料一荷につき、五勺である。

一ムギを刈る時に、ササゲの上にムギ株を置いてはいけない。ササゲが腐ってしまうからである。

一赤ササゲは育ちが早い。黒ササゲは育ちが遅い。

一豆を貯える方法。豆をよく干し、夜露に二晩曝してか

一貯ゆるには　よく干し　夜の露を二夕受　取置候へハ
虫生せす　又ハ水にて洗ひ　干て入るゝよし

長さゝげ

一年を隔たる種か　莢《ザヤ》多く付く也
一蒔時三月中より　凡十日ニして生ス　六月節花
一種ハ莢のまゝニ而取置へし　ざやを取れハ実へ虫入也
一凡壱尺計ニなると　真を止むへし
一種ハ浅くうゆへし　深けれハ朽て不生事あり　指にて
つまみ　大指の中節迄土へ入候位ニ植へし

葡萄小豆《フドウアヅキ》　小豆より細く長し

一蒔五月中より　凡六日ニして生す　八月節より花咲く
つるニなり　物にまとふ　黄色なる花咲く
一岸の上抔ニ植ゆ　肥ハいらず　又ハ荒地抔ニよし
一いやしりニハ出来ぬ也

ら貯えると、（豆を食う）虫がつかない。または豆を
水で洗って、干してから貯えればよい。

長ササゲ

一古い種のほうが莢は多く着く。
一播種適期は三月の穀雨からで、（播種後）十日ほどで
芽が出る。六月の小暑に花が咲く。
一豆は莢ごと貯えなさい。莢から外すと、豆に虫が入る。
一一尺ほどの背丈になったら、蔓の先端を摘みとりなさ
い。
一種は浅く植えなさい。植え穴が深いと、腐って芽が出
ないことがある。豆を指で挟み、親指の中間の節が
土に入るほどの深さで、種を植えなさい。

ブドウアズキ　アズキよりも細くて長い

一播種適期は五月の夏至からで、（播種後）六日ほどで
芽が出る。八月の白露から花が咲き始める。（生長す
るにしたがって）蔓になってほかのものに絡みつく。
黄色の花が咲く。
一傾斜地などに植える。施肥しなくてもよい。荒地など

ちさ

一秋の彼岸まき　蒔て五日ニして生す
一早春苗を植る　白水ニ小便交セ　毎々懸くへし
一六月節たうたつ

水菜

一蒔節ハ二百十日より　但彼岸ニ而ハ遅し　四日ニして生す
一中打ノ水肥　毎度致候か吉
一種を取ニハ　植替て取へし　居[61]なりハ悪し　花咲止て五六日立根よりぬき　干て種ヲ取か吉　実入吉ハ悪し

に植えてもよい。

一連作すると育たない。

チシャ

一秋の彼岸に播種し、播種後五日で芽が出る。

一早春に苗を植える。米のとぎ汁に小便を混ぜた肥料を頻繁にかけなさい。

一六月の小暑に花茎が出る。

ミズナ

一播種適期は二百十日から後である。ただし、（秋の）彼岸は遅い。（播種後）四日で芽が出る。

一中耕するたびに薄い液肥をかければよい。

一（来年用の）種は植替えた株からとりなさい。播種した所で育てた株からは、よい種がとれない。開花が終わって五～六日後に、株を根ごと引抜き、干して、採種すればよい。種の量が多い株からは、よい種はとれない。

稗《ヒエ》

一稗ハ蒔節粟ニ十日計遅かるへし

一肥汁を懸候にハ　ひゑニ汁懸らぬ様　念入へし　肥汁懸り候へハ　虫付き候也

芋

一芋植候ハ三月節より四月節迄　五月中生す

一芋種ハ尻ヲ切てうゆるか吉

一種ハ至て深くほり　横ニなし　うゆへし

一芋ニ土かい候時ハ　葉三四本残置　根ニ巻き　土ヲかふへし　葉多きハ悪し

一焼土又ハ蚕豆のから刈草多く入　土をかふへし

一四国ニ而ハ　種芋さか様ニ植ると　芽の出ハ十日も遅し　子ハ多く付と承る

一芋種貯ゆるハ　南向岸ニ横穴ほり　芋ハ掘出すやいな直ニ取置へし　干ハ悪し　至而よく干たる土ニ而覆へ

ヒエ

一ヒエの播種日は、アワより十日ほど遅らせなさい。

一液肥をかける時に、ヒエ株に液肥がかからないように、念を入れてかけなさい。ヒエ株に液肥がかかると、虫がつく。

サトイモ

一サトイモの植えつけ適期は、三月の清明から四月の立夏の間である。五月の夏至に芽が出る。

一種イモは下部を切りとってから、植えるのがよい。

一深い植え穴を掘り、種イモを横向きに寝かせて植えなさい。

一イモに土寄せする時は、三〜四枚残して葉を掻きとり、(掻きとった葉を) 根の周りに置いて土寄せしなさい。葉の数が多いのはよくない。

一焼土か、ソラマメの空莢か、刈った草をたくさん埋込んで、土寄せしなさい。

一四国では種イモを逆さまに植えるという。そうすれば、芽が出るのは十日ほど遅いが、たくさんの子イモが着くらしい。

一サトイモを貯えるには、南向き斜面に横穴を掘り、

し　又ハ親芋ニ付たるまゝ貯ゆるも吉と
一九月節ずいき刈　かぶへ土を覆へし
一八ツ頭と云芋ハ　おや芋を十一二程ニ割てうゆへし

芥子

一蒔時ハ八月之中　四月中より花　五月節盛　五月中実入　蒔て七日ニして生す
一まくにハ溝を立　足ニ而軽く踏　其上へまき　灰をふる　土ハ不覆
一春のひ候ニ随ひ　漸々下より葉を取へし　花大ニしてよく咲　実入吉
一綿の中　蚕豆うへ候節　芥子振まくへし

蛇形芋(62)　又名赤芋と云

一植るハ間を凡五六尺置　芋二ツ一緒ニ植　是よりつる

（畑から）掘り出したサトイモをすぐに穴へ入れなさい。種イモが乾くとよくない。十分に乾いた土で穴を覆いなさい。親イモに（子イモを）付けたままで貯える方法もよいらしい。

一九月の寒露に茎を刈り、その上を土で覆いなさい。

一ヤツガシラという名のサトイモは、親イモを十一〜十二個ほどに切り分けて植えなさい。

カラシナ

一播種適期は八月の秋分で、四月の小満から花が咲き始める。五月の芒種が花盛りで、五月の夏至に結実する。播種して七日目に芽が出る。

一（播種時に）蒔き溝を作り、足で溝を軽く踏んでから種を蒔いて、（肥料の）灰を振りまく。土で覆うことはしない。

一春になって株が大きくなるにつれて、株の下から順に葉をとりなさい。大きい花がたくさん咲いて、よい実ができる。

一ワタの条間へソラマメを播種する時に、カラシナの種も振りまきなさい。

蛇形イモ　赤イモとも呼ぶ

一種イモを植える時は、植え穴の間隔を五〜六尺ほどお

出て　凡壱尺二三寸ニなれハ　左右へ倒し　上へ草を懸け　つるの先凡壱弐寸出し　土をかふ　如此ニして又此つる延ひ候得ハ　右之通ニ幾度ともなく致候得ハ節々ニ芋出来る　肥汁も少々いたすへし　如此致候得ハ　両方よりつる行逢候程ニなる也

一三月中植ゆ　四月節生す

葱類

一葱《ネブカ》蒔節八十八夜　苗より本座へ移し植る時　深か溝にしてぬかを入るよし　種を取たる時　直ニまく　又ハ秋の彼岸ニ蒔も吉　溝を立　蒔て上へ土を覆へからす　生セす　灰ニ而かくすへし

一同種取ニハ　槌ニ而打ち　又ハ手ニ而もむへからす実損し生セす

一らつきやうハ六月植る　秋彼かんの比　植かへる　六月中　葉枯候節　掘取候旬とする也　寒ノ内肥をいたす　中打ハ悪し　たゝ草を取へし

いて、ひとつの穴に二個のイモを入れて植える。種イモから蔓が伸びて、蔓が一尺二〜三寸ほどの長さになったら、（二本の）蔓を左と右に倒し、蔓の上を草で覆い、蔓の先一〜二寸ほど以外は土をかける。このようにして、また蔓が伸びたら、右に記述した方法を幾度も繰返せば、（土で覆われた）節ごとにイモができる。液肥も少量かけなさい。このようにして作れば、二本の蔓がすれ違うほどに伸びる。

一種イモを三月の穀雨に植えると、四月の立夏に芽が出る。

ネギ類

一ネギの播種適期は八十八夜である。苗床から本畑に移植する時は、深い溝を作って、溝に糠を入れるとよい。種をとったら、その種をすぐに（苗床に）蒔きなさい。秋の彼岸に蒔いてもよい。蒔き溝を作って蒔くが、蒔き溝の上を土で覆ってはいけない。芽が出ない。灰をかけて種を覆いなさい。

一ネギの種をとる方法。木槌で叩いたり、手で揉んではいけない。種にキズがついて芽が出なくなる。

一ラッキョウは六月に植えて、秋の彼岸の頃に移植する。六月の大暑に葉が枯れるので、その時が掘りとる適期である。寒のうちに施肥する。中耕しないほうがよい。雑草をとるだけでよい。

一凡わけき　にんにく　らつきやう　葱の類　寒中ニ肥を毎度かくへし　春かくるハ不宜也
一わけき八月ひかんうへ　寒中に三度計小便かける　年内そバ藁を上へ覆ひ　土をかふて霜をさく　但し臘月(63)こしきのあつ湯をかくれハ　くせ附かず
一種ハよくわけ　赤き皮を取　植へし　中打致べからす　草ハ削べし
一四月中葉を捻ち伏る也　五月節葉枯ル　掘出よく干す　取置ハ竹篭抔ニ入　風の當る様ニ致へし　藁菰に包ハ不宜　朽るもの也
一朝つきハ八月中生す　四月中葉枯る

高黍　稲きび　南蛮《ナンバ》きび

一黒黍三月節より苗にまく　五月節植る　七月節出穂　八月中実熟す　肥汁ハ沢山に懸くへ　跡の地大に瘠るもの也　凡十五日ニして生す
一稲黍三月中ニまく　土用中に出穂　但ひかんニもまく

一ワケギ・ニンニク・ラッキョウ・ネギの類は、寒の内に幾度も施肥しなさい。（翌年の）春に施肥するのはよくない。

一ワケギは八月彼岸に植え、寒のうちに三度ほど小便をかける。その年のうちはソバの茎で上を覆い、土寄せして霜害を受けないようにしなさい。十二月に甑《こしき》の熱湯をかけると、病気にならない。

一ワケギの球根はよいものだけを選び、赤い皮をとり除いてから植えなさい。中耕してはいけない。雑草は削りとりなさい。

一（ワケギは）四月の小満に葉を捻り倒しなさい。五月の芒種に葉が枯れるので、掘り出して十分に干しなさい。貯えるには、タケ籠などに入れて、風が通るようにしておきなさい。藁菰《わらこも》に入れて貯えるのはよくない。腐ってしまう。

一アサツキは八月の秋分に芽が出て、四月の小満に葉が枯れる。

タカキビ　イナキビ　トウモロコシ

一黒キビは三月の清明から苗床に蒔き始めて、五月の芒種に移植する。七月の立秋に穂が出て、八月の秋分に実が完熟する。液肥を大量にかけなさい。そうしないと跡地が瘠せてしまう。（播種後）十五日ほどで芽が出る。

七月節熟す　肥ハ強きかよし　十二日ニして生す
一同きひ熟するハ　先より漸々本へ実入もの也　先三粒熟れハ　半分切取る　其跡又熟する也　穂切取やいなきひから早クぬき取へし　地肥　殊の外吸上る也　惣而きひ跡の地　大に荒るもの也
一稲きひ　めを取捨へし　をくれ穂ニなる
一南蛮きびハ古種をまくへからす　仁まばら也　(64)かとばへ取捨へし
一刀豆いんげん豆の類　苗をふせ候時　肥土をワきへかき除け　豆を置候而　上へ砂をおゝふへし　肥汁抔懸け候ハ　別て悪し　はた肥致候へハ　実むせて朽る也
一なた豆　砂の中ニ植　浅きかよし　砂の上ニすへ　別ニ覆へし
一紫蘇ハ肥地ハ吉　生候後　肥を懸候ハ　葉に虫付もの也
一こんにやくハ草又ハ麦わら多く入る也　稲わらハ悪し　初年種をうへ置候ハ　毎年出来るもの也　但うくろ大きに喰ふもの也

一イナキビは三月の穀雨に蒔く。（夏の）土用中に穂が出る。ただし、（春の）彼岸にも播種する。七月の立秋に完熟する。肥料を大量に施用するほど（実入りが）よい。（播種後）十二日で芽が出る。

一イナキビの実は（穂の）先端から後の方に向かってゆっくり熟していくので、穂の先端部三粒が熟したら、穂の上半分を刈りとりなさい。その後、下半分も熟する。穂を刈りとったら、株を早々に抜きとりなさい。（イナキビは）土の養分をたくさん吸いとるので、イナキビの跡地はかなりの痩せ地になるからである。

一イナキビは脇芽を摘みとりなさい。脇芽から出る穂は成熟が遅れる。

一トウモロコシは古い種を蒔いてはいけない。実がまばらにしか着かないからである。不要な脇芽は摘み捨てなさい。

一ナタマメとインゲンマメの類は、種を蒔く時には、肥えた土を脇に掘りあげてから種を置いて、その上を砂で覆いなさい。決して液肥などをかけてはいけない。播種時に肥料を施用すると、種が発酵して腐ってしまう。

一ナタマメは砂地に浅く蒔くのがよい。種を砂の上に置き、砂で覆いなさい。

一シソは肥えた土地に植えるのがよい。芽が出てから肥料を施用すると、葉に虫がつく。

一コンニャクは草か麦藁で厚く覆いなさい。稲藁で覆うのはよくない。種イモを植えておけば、毎年収穫で

一ほうづき作候ハ　前年根を二寸計ニ切　みぞを立　根をうへ　土を懸　其上にこなをまく　こなを取　春に至出芽いたす也

一古種にて少も生セぬもの　蕎麦　午房

一秋のひかん九月に入候年ハ　菜大こん出来悪し　閏月の有る先年ハ　蕎麦よく出来る年也と知へし

(付箋)

一瓢たん三葉計ニ而真を止める　子つる又三葉ニ而止める　孫つる出てなる　又三葉程ニ而先を切る　小便肥を強く致す　又ハ鳥ふんよし　小便こへハ皮厚くなると云　千なりハ　なり候而　つるを痛め候得ハ　小きかなる

一藺苗ハ前年春　瘠たる白田ニうへ置　其十月ニ植ル　八月ニ刈たる跡　強く肥をする　十月ニ分て植る　肥ハ干鰯二度計　濁肥二三度程　刈節ハ夏の土用ニ入四五日之所　晴天を見立　苅干ス

藺ニ虫付候節ハ　烟草の茎を煎して懸ける也

きる。ただし、モグラがコンニャクを好んで食べてしまう。

一ホオズキを作ろうと思ったら、前の年に根を長さ二寸ほど切っておき、溝を作って、根を植えてから土で覆い、その上に葉菜類を蒔く。葉菜類を収穫した後、春になると、ホオズキの芽が出る。

一古い種からはまったく芽が出ないのは、ソバとゴボウである。

一九月に入ってから秋の彼岸になる年は、葉菜類とダイコンの出来が悪い。閏月《うるう》がある年の前年はソバの出来がよい年だと覚えておきなさい。

(付箋)

一ヒョウタンは葉が三枚ほど出た時に、蔓の先端を摘みとりなさい。(脇から出る)子蔓も葉が三枚出たら先を摘みとりなさい。孫蔓が出て、その孫蔓に実が着く。(孫蔓も)葉が三枚出たら、先端を摘みとりなさい。(発酵した)小便を何度もかけなさい。鳥の糞もよい肥料になる。(発酵した)小便をかけると実の皮が厚くなるという。千成りヒョウタンは、実が着いてから蔓を傷めてやると、小さい実ができる。

一イグサの苗は前年の春に瘠せた畑に植えておいて、十月に移植する。イグサを八月に刈りとった後、大量の肥料を施用し、十月に株分け方式で移植する。肥料は干鰯を二度ほど、濃い液肥を二～三度施用する。刈りとりは夏の土用に入って四～五日目の晴れた日を選んで行い、刈って干す。イグサに虫がついた時

肥之部

一肥汁《コヤシ》入候坪ハ　冬ハこへの精　底へ沈むもの也　夏春ハ精上へうき上るもの也　是を心得　沈めハ上へ杓にて引上け　浮ハそこへ押入る心持なるへし　朝夕三度如此致候得ハ　こへよく朽る　酒抔造るも同し事也

一油糟ハよく油を取たるか吉　但古く二三年経たるハ愈吉　尤粉にしてハ貯へからす　気抜《キヌケ》る也　肥ニ致候前日位　粉ニいたすへし

一胡麻糟ハ油かすよりきゝ弥よし　日干雨気共ニよし

一綿実糟ハ新きかよく肥ニしてきく也　古きハ悪し　但砂地又ハ湿地によし

一鳩のふんハ砂地にて肥の抜《ヌケ》る土地ニよし　一遍ハよくきく也

一鰯肥ハ日照つゞきたる時懸れハ　よくきく　雨中又ハ懸候後　直ニ雨降ハきかさる也　青天を見合すへし

には、タバコの茎を煎じてかければよい。

肥料の部

一液肥を貯える肥溜について。冬は肥効の大きい部分が底に沈み、夏と春は肥効の大きい部分が上に浮き上がってくる。このことを心得て、（肥効の大きい部分が）沈んだら柄杓で（掻きまぜて）上に引き上げ、浮いたら柄杓で（掻きまぜて）底に沈めるようにしなさい。この作業を朝夕に三度行えば、よく発酵する。酒などを醸造するのと同じ要領である。

一油糟は油分が十分に抜けているものほどよい。二〜三年前の古い油糟ほどよい肥料になる。ただし、粉にして貯えてはいけない。肥料分が抜けるからである。施肥する前日くらいに粉にしなさい。

一ゴマ糟は油糟よりもさらに肥効が大きい。日照りの時も雨が多い時も肥効は大きい。

一綿実糟は新しいものが肥効が大きい。古い綿実糟はよくない。ただし、（古い綿実糟は）砂地と湿地に施用すれば効く。

一鳩糞は肥料が抜けやすい砂地に施用しなさい。一度施用するだけならば、よく効く。

一干鰯を素材にする肥料は、日照りの日が続く時に施用すれば、よく効く。雨降り中に施用したり、施用し

同解き様ハ　細く切　熱湯を入交せ候而よし　又ハ栗の生木ニてまぜ候へハ　こゝろよく解るといふ

一鶏のふん解候ハ　小便をうちしめし　上へ莚をおゝひむし置き　二日程経て出す　よく粉となる

一鶏ふんハ水こへに交て　きゝ悪し　粉ニしてふる方よし

一あめ糟ハ麦又ハ大根ニよくきく　綿へハ入へからす悪し　但きゝめ遅きもの也　麦のはたへ入候へハ　春に至よくなる

一くもし肥ハ粉麦かす又ハ米糟入交セ入へし　よくくみる也　肥汁をハ打へし　十月比よりハ　最初下ニて焼こへをいたし　其上へくもすへし　廻りハ古莚抔にて包かよし　但二度くもし替るか弥よし　綿のはた肥ニ致候ハ　そは藁くもすかよし　稲きひから　よくくみるもの也　綿を間引たるをくもしに致候へハ　よくきく也

一大根油な　はた肥ニハ　鶏鳥のふん　粉ニしてひねるへし　葉大くなる　綿にハ悪し

一壁土水田ニ入てきかす　畑ならハ何にてもよし

てから雨が降ったら、効かない。晴天になることを見極めてから、施用しなさい。（塊状の）干鰯をほぐすには、細かく切り、（干鰯を入れた容器に）熱湯を入れて掻きまぜればよい。また、クリの生木で掻きまぜると、よくほぐれるという。

一鶏糞を粉にする方法。鶏糞に小便をかけて湿らせ、莚で覆って二日ほど発酵させれば、よく（ほぐれた）粉になる。

一鶏糞を薄い液肥に入れてかけると、肥効が落ちる。粉にして振りかけるほうがよい。

一飴糟はムギとダイコンによく効く肥料である。飴糟をワタに施用してはいけない。ただし、（飴糟は）施肥効果が現れる時期が遅い。ムギの種を蒔く時に、飴糟も一緒に施用すれば、春になって効果が現れる。

一堆肥は小麦糟か米糟をまぜて施用すれば、よく腐熟する。（堆肥に）液肥をかけなさい。十月頃以降は、まず焼肥を作って、その上に堆肥を載せなさい。周囲を古莚などで囲えばよい。堆肥を二度（上下に）切り返せば、肥効がもっと上がる。ワタの種を蒔く時には、（干した）ソバの株を堆肥にすればよい。イナキビの株はよく腐熟する。間引いたワタの株を堆肥に使うと、よく効く。

一ダイコンとアブラナの種を蒔く時の肥料には、鶏糞を粉にして土に埋込みなさい。葉が大きくなる。（鶏糞は）ワタにはよくない。

一壁土を水田に施用しても効かない。畑ではどんな作物

酒　酢　醤油　油　麹　焼酒　味醂
塩　綿　麻　蚕　織　茶　烟草
席　紙　蝋燭
鉄　銅　石灰　貝灰　雲母　炭
瓦
稲　麦　大豆
塩硝
麻　蕃椒　からし　葉からし
摘菜《カブラ》六月中蒔　めうが　婦きひかん出芽　唐ちさ
にんにく　しん菊　藤豆　夏小豆
いてう芋　晩《オソ》水な　赤ざ　ほうれん草
荏子十三日生す　き瓜十三日ニして生す
藺《イ》刈節ハ夏の土用入三日位を最上ス　菅《スゲ》

にも効く。

酒　酢　醤油　油　麹　焼酎　味醂
塩　ワタ　アサ　カイコ　織　チャ　タバコ
リュウキュウイ　紙　蝋燭
鉄　銅　石灰　貝灰　雲母　木炭　瓦
イネ　ムギ　ダイズ　煙硝
アサ　トウガラシ　カラシナ　ハガラシナ
カブラ　六月の大暑に（種を）蒔く。ミョウガ
フキ（春の）彼岸に芽が出る。　フダンソウ
ニンニク　シュンギク
フジマメ（インゲンマメ）　夏アズキ
イチョウイモ　晩生ミズナ　アカザ
ホウレンソウ
エゴマ　播種後十三日で芽が出る。
キュウリ　播種後十三日で芽が出る。
イグサ　刈りとりは夏の土用に入って三日目くらいがもっともよい。　スゲ

(別紙1)

正月廿六日　　二月節也

二月六日　　ひかん　　梅花盛　　蝌斗生

二月十一日　　二月中也　　百合芽　　桃芽

二月廿六日　　三月節　　ゆすら花　　早桜花

　山枡芽　　間桃花開　　山枡接ス　　柿芽　　□□芽

三月十三日　　三月中也　　瓜蒔く　　めうか芽

中後八日紫竹□

三月廿四日　　八十八や　　しやか花　　蚕出

三月廿八日　　四月節也　　桐花　　弓初花　　山蝉鳴

間にて芥子花　　長春花　　菱芽　　蘭花　　かう骨芽

四月十三日　　四月中也　　岩取花　　せつこく花

間さつき花　　野いばら花盛　　かう骨花　　あやめ花

　ちない花

四月廿八日　　五月節也　　麦熟　　わけき枯

五月四日　　入梅　　あふひ　　紅花　　柘榴

蚕結繭　　栗花く　　間芋生ス

五月十五日　　五月中　　田植

(別紙1)

(今年の)正月二十六日(は二十四節気の)啓蟄

二月六日　(春の)彼岸入りの日　ウメの花盛り　オタマジャクシが孵化する

二月十一日　春分　ユリの芽が出る　モモの芽が出る

二月二十六日　清明　ユスラウメの花が咲く　早いサクラが咲く

この間にモモの花が咲く　サンショウの芽が出る　サンショウの接木をする　カキの芽が出る　□□の芽が出る

三月十三日　穀雨　ウリの種を蒔く　ミョウガの芽が出る　穀雨後八日で紫竹□

三月二十四日　八十八夜　シャガの花が咲く　カイコが孵化する

三月二十八日　立夏　キリの花が咲く　弓初の花が咲く　ヤマゼミが鳴く

この間にカラシナの花が咲く　キンセンカの花が咲く　ヒシの芽が出る　ランの花が咲く　コウホネの芽が出る

四月十三日　小満　岩取の花が咲く　セッコクの花が咲く

この間にサツキの花が咲く　ノイバラの花が満開になる　コウホネの花が咲く　アヤメの花が咲く　チナイの花が咲く

四月二十八日　芒種　ムギが熟する　ワケギが枯れる

五月四日　入梅　アオイとベニバナとザクロの花が咲く　カイコがマユを作る　クリの花が咲く

五月廿五日　半夏
六月一日　六月節　間百合花
六月十三日　土用
六月十六日　六月中　ひあふき花　間小くるま花く
七月二日　七月節　粟収む
七月十七日　七月中
七月廿九日　二百十日　二百十日より七日前そバまき
　きびじゆくす
八月三日　八月節
八月十七日　ひかん
八月十八日　八月中
九月四日　九月節　そば花盛
九月十六日　土用　小豆熟す
九月十九日　九月中　菊花開
間大豆しゆくす　小麦まき
十月四日　十月節　そハ熟す　榎銀杏黄葉す
間麦まき　茶花盛
十月廿日　十月中也

この間にサトイモの芽が出る
五月十五日　夏至　田植
五月二十五日　半夏生
六月一日　小暑
この間にユリの花が咲く
六月十三日　（夏の）土用入りの日
六月十六日　大暑　ヒオウギの花が咲く
この間にオグルマソウの花が咲く
七月二日　立秋　アワを刈りとる
七月十七日　処暑
七月二十九日　二百十日　二百十日の七日前にソバを蒔
く　キビが熟す
八月三日　白露
八月十七日　（秋の）彼岸入りの日
八月十八日　秋分
九月四日　寒露　ソバの花盛り
九月十六日　（秋の）土用入りの日　アズキが熟す
九月十九日　霜降　キクの花が咲く
この間にダイズが熟す　コムギの種を蒔く
十月四日　立冬　ソバが熟す
エノキとイチョウの葉が黄色くなる
この間にムギの種を蒔く　チャの花盛り
十月二十日　小雪
十一月六日　大雪
十一月二十一日冬至
十二月六日　小寒

十一月六日　十一月節
十一月廿一日　十一月中
十二月六日　節
十二月廿一日　中

申　五月　中後五日梅熟す
正月廿一日　正月中　間菖蒲芽
二月七日　二月節　少し前芍薬芽　間仙翁芽
二月十七日　ひかん　梅花盛　蟻出
同廿二日　二月中　間百合芽　し蘭芽
三月八日　三月節　吉野桜盛　梨子芽
間桃花　桔梗芽　山椒　五加木芽　庭桜花　榎芽　柿芽
三月廿二日　三月中　瓜蒔く　桑芽　ツヽシ花咲
三月中よりりようぼ取旬　三月中より十日後比に竹生す
四月五日　八十八や　桑花　くわひ出芽
四月九日　四月節
四月廿四日　四月中
五月節　柿花

十二月二十一日大寒

申年《さる》　五月　夏至後五日でウメが完熟する
正月二十一日　雨水
この間にショウブの芽が出る
二月七日　啓蟄　少し前にシャクヤクの芽が出る
この間にセンオウの芽が出る
二月十七日　（春の）彼岸入りの日
ウメの花盛り　アリが（巣穴から）出てくる
二月二十二日　春分
この間にユリの芽が出る　シランの芽が出る
三月八日　清明　ヨシノサクラの花盛り
ナシの芽が出る
この間にモモの花が咲く　キキョウの芽が出る
サンショウとウコギの芽が出る
ニワサクラの花が咲く　エノキの芽が出る
カキの芽が出る
三月二十二日　穀雨　ウリの種を蒔く
クワの芽が出る　ツツジの花が咲く
穀雨からリョウブ（の若葉）を摘む時期である

五月十四日　紅花花　十日蝉鳴　十一日いちまつ
花　十八日粉麦花盛　芍薬花盛
五月廿日　び楊柳花　廿二日白あやめ花　蘭
花　栗花盛
五月廿三日　あふひ花開　梅熟
五月中　栗花落　二月六九日之間□迄借ル
二月朔日　均霑

（別紙2）

五　節十一日　中　廿六日
小六　十一日　廿六日　廿九日　百合花
小七　二日　ひ扇花　三日節栗出る　十二日　廿八日
八　十四日　胡ま　廿九日　間山椒熟
小壬八　九節十四日　そハ花　柿熟す
土用大豆葉摘　間酢実成ル

穀雨から十日後頃にタケノコが生え出す
四月五日　八十八夜　クワの花が咲く
クワイの芽が出る
四月九日　立夏
四月二十四日　小満
五月　芒種　カキの花が咲く
五月十四日　ベニバナの花が咲く　十日　セミが
鳴く　十一日　イチマツの花が咲く
十八日　コムギの花盛り　シャクヤクの花盛り
五月二十日　ビヨウヤナギの花が咲く　二十二日
シロアヤメの花が咲く　ランの花が咲く　クリの花盛り
五月二十三日　アオイの花が咲く　ウメの実が熟す
五月　夏至　クリの花が落ちる
二月六～九日の間□まで借りる
二月一日　均霑

（別紙2）

芒種は五月十一日　夏至は五月二十六日
小暑は小の月である六月十一日
大暑は二十六日　二十九日　ユリの花が咲く
小の月である七月二日にヒオウギの花が咲く
三日に早生アワ出る　立秋は七月十二日
処暑は七月二十八日
白露は八月十四日　ゴマ　秋分は二十九日
この間にサンショウの実が熟す

九中　朔日
小十　中朔日
十一　中二日
十二　中三日
半夏　　六月六日
入梅　五月廿日
小寒　十一月十八日
土用　三　廿日
　　　壬八　廿六日
社日　二月廿四日
　　　八月廿八日
彼岸　二月十七日
　　　八月廿八日
二百十日　八月十日
玄猪　十月四日
冬至　十一月二日
節分　十二月十七日

十節　十六日　枇巴花
十一節　十六日
十二節　十八日
正節　十八日
六　廿三日
十一　晦日

閏八月は小の月である　寒露は（閏）八月十四日
ソバの花が咲く　カキの実が熟す
土用にダイズの葉を摘む　この間にズミの実が完熟する
霜降は九月一日　　立冬は九月十六日
ビワの花が咲く
小雪は小の月である十月一日
大雪は十月十六日
冬至は十一月二日　　小寒は十一月十八日
大寒は十二月三日　　立春は十二月十八日
半夏生は六月六日
入梅は五月二十日
小寒は十一月十八日
土用（入りの日）は三月二十日と六月二十三日と
閏八月二十六日と十一月三十日
社日は二月二十四日と八月二十八日
彼岸入りの日は二月十七日と八月二十八日
二百十日は八月十日
玄猪は十月四日
冬至は十一月二日
節分は十二月十七日
六月　小暑十一日　土用二十二日　大暑二十六日

七月（立秋）十二日
　（処暑）二十八日　スズムシが鳴く　ヌルデの
花盛り　アワの実が熟す　ダイズの花が咲く　この間に

節　十一日
六土用　廿二日
中　廿六日

十二日
七　廿八日　鈴虫鳴　ふしの木花盛　栗熟　大豆花
間粟熟　さ□香　ひうち花く

十四日　胡麻熟す
八　二百十日
廿九日
彼廿八日

アワの実が熟す　さ□香
カラムシの花が咲く

八月（白露）十四日　ゴマの実が熟す　二百十日（秋分）二十九日（秋の）彼岸二十八日

訳注

（1）苗床。（2）ここでは苗木の主軸のこと。（3）壌土。（4）斜面にある樹木の谷に面する湾曲部。（5）削り屑。（6）月の前半が始まる日。（7）月の後半が始まる日。（8）雌雄説がいう多収穫穂。（9）モチゴメの穀粒が乾いて白くなること。（10）天秤棒《てんびんぼう》の両端にかけて、一人の肩で担える量。（11）ここでは織維をとった後のワタの種子。(12) 堆肥。(13) 播種時に施用する肥料。基肥《もとごえ》。(14) 腐熟すること。(15) 白色の細根。(16) モグラ。(17) 株が若返って栄養生長すること。(18) 連作して作物が育ちにくくなっている耕地。(19) 基肥。(20) 半夏生《はんげしょう》。夏至から十一日目。今の暦（太陽暦）で七月二日頃。半夏《はんげ》（カラスビシャク）が生える頃の意味。(21) 太陰太陽暦（旧暦）で、立春・立夏・立秋・立冬の前十八日間。(22) 畑またはやせた土地。ここでは後者の意味か。(23) 立春から八十八日目の日。今の暦（太陽暦）で五月二日頃。(24) ワタの実が開き始めること。(25) 塩気を含む魚。(26) 株や蔓の先端部。(27) 脇芽。(28) ワタの実。(29) アセビ（アセビ属の常緑低木）。(30) アリマキ（半翅目アブラムシ上科に属する昆虫の総称。アリマキはアリの牧場の意味）。(31) 魚からとった油。(32) 苗を植えて育てる葉菜類。(33) ここでは焼灰を土で覆いつつ、株に土寄せすること。(34) 病気にかかること。(35) 穂の先端部。(36) 米のとぎ汁。(37) ここでは根を生育させるカリ肥料のことか。基肥《もとごえ》をさすこともある。(38) 欠けた株を補植すること。(39) 荒搗《あらつ》きのこと。(40) 乾いた土に播種すること。(41) 湿気がある時。(42) ある作物を収穫した耕地に同じ作物を作ると、生育が悪くなること。連作障害。(43) マメが成熟して莢《さや》が枯れること。(44) 枝。(45) 適期よりも早く播種すること。(46) 傍《かたわ》ら。(47) 太陽光に当って元気がなくなること。(48) 耕地の土を掘って埋込む肥料。(49) 果実の位置。(50) ウリの果実の種が詰まっている部分。(51) 果実。(52) 雄花。(53) 表皮がなめらかなイモ。(54) ここでは花茎のこと。(55) 現在の岡山県美作《みまさか》市作東《さくとう》町江見。(56) 現在の岡山県美作市作東町中谷《なかだに》か。(57) センダン（センダン属の落葉高木）。(58) カラムシ（マオ属の多年草）。(59) ヨモギ（ヨモギ属の多年草）。(60) 現在の鳥取県東伯《とうはく》郡琴浦《ことうら》町赤碕《あかさき》。(61) 植替えずに採種すること。(62) サツマイモの一種か。『農業全書』「蕃藷《あかいも》」（サツマイモのこと）の記述中に、ほぼ同じ内容の文言がある。(63) 太陰太陽暦（旧暦）の十二月。(64) 不要な脇芽のことか。

解　題

一　『江見農書』の底本

私はここに翻刻する『江見農書』を二〇年ほど前に東京の古書店から購入した。この『江見農書』は五五丁の一巻本で、縦二三cm、横一六cmの和綴竪帳である。柿渋色の表紙と二丁表には、『稿本　江見農書　全』と書かれた題箋が貼ってある（写真1）。『江見農書』は書体からみて、一人が書いた手稿本であるが、序文と凡例と跋文が記載されていないので、原本か写本かはわからない。『江見農書』の著作者は農耕技術を先に記述して、序文と凡例と跋文を書く段階になってから、何かの事情で公にすることを断念したのかも知れない。

『江見農書』の二丁表（写真2）と五四丁裏に、山中文庫の朱印が押してある。山中文庫とは、千葉県君津《きみつ》で二〇世紀前半に農業指導をおこなっていた山中進治の所蔵書籍群であろう。君津市のウェブサイトには「山中文庫は、私設社会教育施設で、地域の人達を集めて講習会や研究会などを行っていた」と記述されている。巻頭の二丁表と巻末の五四丁裏に山中文庫の朱印が押してあるということは、押印時に序文と凡例と跋文はなかったことを意味している。

二　『江見農書』の著作地と著作年

私が所蔵する『江見農書』には序文と凡例と跋文が記載されていないので、著作者名と著作年はわからない。また、『国書総目録』（岩波書店、一九八九年補訂版）には『江見農書』は記載されていない。

ここでは『江見農書』が記載する地名を手がかりにして著作地を確定し、冊子に挟み込まれていた二枚の紙が記述する暦日から『江見農書』の著作年を推定してみたい。

『江見農書』は美作《みまさか》国の東端に位置する英田《あいだ》郡江見村《えみそん》江見（現在の岡山県美作市作東《さくとう》町江見）の人が著作した農書である。

その根拠は、『江見農書』に「當国江見」（43頁）、「當国中谷」（44頁）、「芸州」（43頁）、「丹波国」（43頁）、「伯州赤碕」（48頁）、「四国」（51頁）の地名が記載されているからである。これら地名の分布からみて、『江見農書』の著作地は中国地方に絞られる。

次に、中国地方で「江見」地名を検索すると、拾えるのは美作国と伯耆《ほうき》国の二か所である。『江見農書』は「伯州赤碕辺ニ而ハ」と記載しているので、「当国江見」は美作国江見ということになる。伯耆国の江見であれば、「伯州赤碕」と国名まで記載しないからである。また、先にあげた中谷は、江見から北へ三〇㎞ほど上流に位置する、美作国英田郡東粟倉村中谷《ひがしあわくらそんなかだに》（現在の岡山県美作市作東町中谷）であろう。

『江見農書』には著作年が記載されていない。私は『江見農書』は一八二三～四（文政六～七）年頃に著作されたと推定する。その根拠は、『江見農書』に挟み込まれていた二枚の紙に記載されている二年間の暦日である。書体からみて、本文と同一人物が筆記したと思われる紙の一枚（翻刻の別紙1）には、第二年目の冒頭に中年《さる》と記載されている。また、この年は閏《うるう》八月があり、六月・七月・閏八月・一〇月が小の月（二九日）であった。これら三つの条件を満たす年は、一八二四（文政七）年だけである。以上の理由で、私は『江見農書』の著作年を、一八二三～四（文政六～七）年頃であると推定した。

三　美作国江見の地理

江見の集落は美作国東端に位置し、花崗岩類山地に囲まれる盆地底の、吉野《よしの》川と山家《やまが》川が合流する場所に立地する（図1、写真6）。花崗岩類を母材にする土壌は水はけがよい。

江見の集落が立地する標高一二〇mほどの盆地は、夏季は高温になり、一定の降水量があるので、水田稲作がおこなわれてきた。盆地底には水田が広がり、山麓の緩斜面と支流の河谷には棚田がある（写真7）。盆地底と周囲の山地との標高差は二〇〇mほどである（図1）。山地の潜在植生は常緑広葉樹林か落葉広葉樹林（雑木林《ぞうきばやし》）だと思われるが、現在は落葉広葉樹林とスギやヒノキなどの植林地が相半ばしている（写真8）。

江見の集落は、今は兵庫県姫路市からJR姫新線の気動車を乗り継いで二時間ほどを要する場所にあるが、近世には美作国をほぼ東西方向に通る主要街道の出雲往来《いずもおうらい》と、江見から北へ向い因幡往来《いなばおうらい》に合流する枝道の分岐点に立地していた（図1）。したがって、人と物資と情報が往来する江見には、新たな農耕技術の情報がもたらされていたはずである。

私が知る限りで、美作国のもうひとつの農書、『農業子孫養育草《のうぎょうしそんやしないぐさ》』[1]（一八二六（文政九）年）の著作者・徳山敬猛が住んだ美作国大庭《おおば》郡川上も、久世《くせ》で出雲往来から分岐して北に向かう大山往来《だいせんおうらい》沿いに立地してい

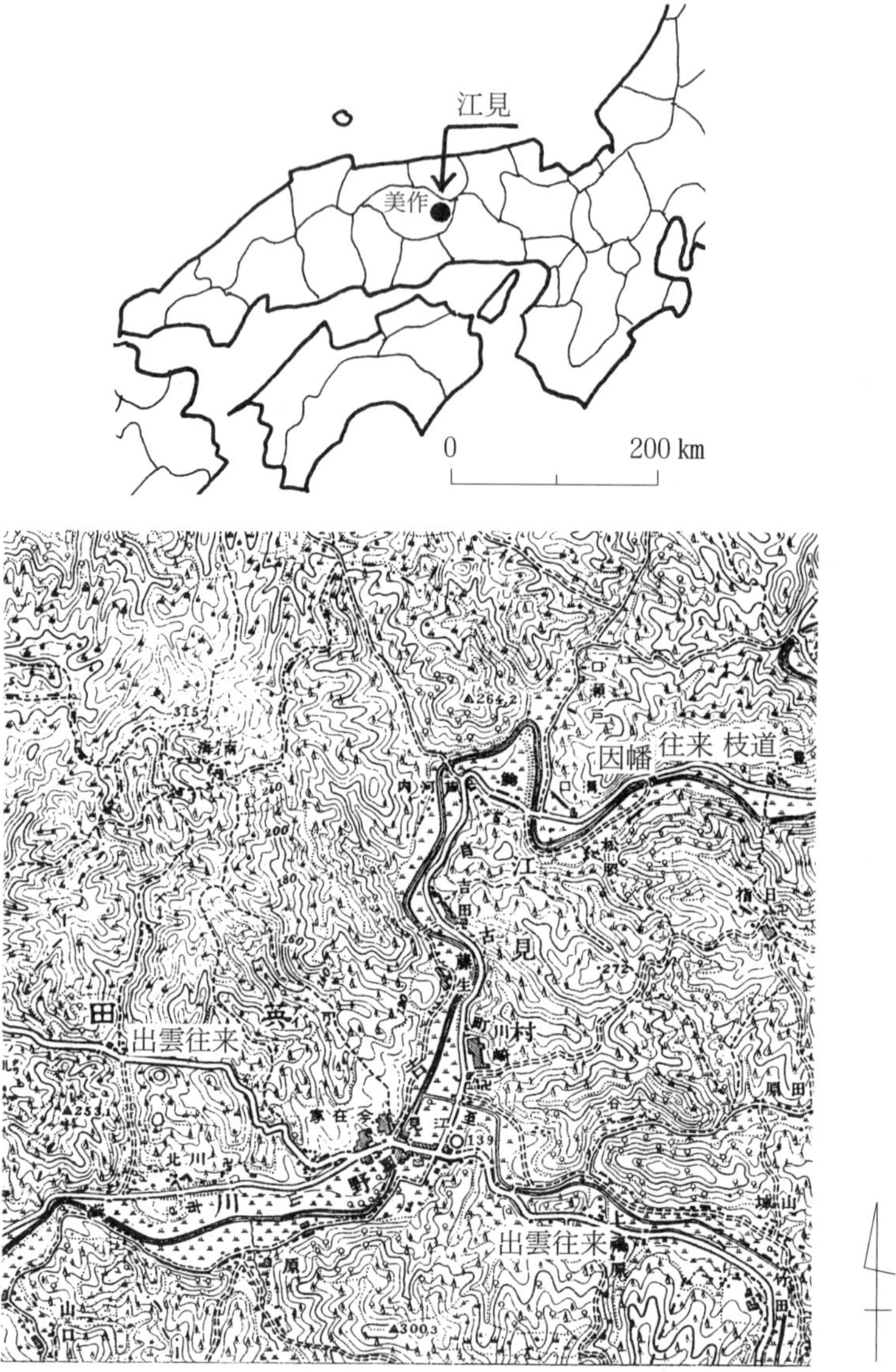

図1　江見近辺の地形と土地利用
1：50,000 地形図「津山町」（明治 30 年測図）に加筆

た。江見と川上は、近世には人と物資と情報が往来する街道沿いの集落であり、一歩進んだ農耕技術の情報が真っ先に伝わる場所であった。近世の江見は、このような地理的条件を持つ集落だったのである。

ちなみに、『農業子孫養育草』は、既存の諸農書を編集した「二次農書」と呼ばれる史料なので、『農業子孫養育草』から美作国の農耕技術の地域性を明らかにすることはできない（前掲注（1）三四六～三五二頁）。

四　『江見農書』の記述の構成

『江見農書』には、有用樹木一〇種類の植樹の要領と、農作物五七種類の耕作技術が記述されている。記述が有用樹木の植樹の要領から始まっていることが『江見農書』の特徴であり、小規模な盆地に立地する江見の性格を説明している。現在の江見周辺は、山地斜面のほぼ半分がスギとヒノキの植林地である。目次の「農作物の耕作技術」を見ると、各作物の記載順の整理が十分ではないようにも思えるが、著作者は重要な作物から順次記述したと考えれば、妥当な配列である。

樹木と農作物群の種類数と記述行数を表1に示す。工芸作物は種類数に比して記述行数が多い。表2に農作物ごとの記述行数を示した。工芸作物であるワタ・アブラナ・（製茶法も含む）チャの記述行数が多いことから、『江見農書』の著作者の意図が読みとれる。また、アワとムギの記述行数が多いのは、山地斜面に立地する畑地の主要作物だったからであろう。他方、イネの耕作技術が一〇行しか記述されていないことについては、山間地江見の性格を説明していると解釈したい。

表1　『江見農書』の農作物群別記述行数と構成比

	種類数	構成比(%)	行数	構成比(%)
樹木	11	19	47	6
穀物	9	16	143	19
豆類	8	14	76	10
工芸作物	10	18	190	26
野菜類	16	28	203	27
芋類	3	5	51	7
農作物	—	—	3	0
肥料	—	—	32	4
合計	57	100	745	100

表2　『江見農書』で記述行数が多い農作物名と構成比

農作物名	行数	構成比(%)	農作物名	行数	構成比(%)
ワタ	54	7	ウリ	26	3
アワ	48	6	ソバ	25	3
ダイコン	41	6	ナス	18	2
ムギ	35	5	ゴボウ	18	2
アブラナ	31	4	ソラマメ	17	2
サツマイモ	29	4	ダイズ	16	2
チャ	26	3	カボチャ	16	2

上記14種類（農作物数の25%）の記述行数（400行）が全行数（745行）の約5割を占める。

五 『江見農書』から読みとれる耕作技術の性格

『江見農書』の耕作技術の特徴は、有用樹木の植樹の要領から記述を始めていること、工芸作物の記述量が多いこと、肥料の種類ごとに施用の方法と時期を細かく記述すること、イネとワタの耕作技術の中に雌雄株の見分け方を記述していることの四点である。そして、これらの技術を踏まえて、江見の農家を自給的経営から商業的経営へ一歩踏み込む方向へ導きたい著作者の意図が読みとれることである。

『江見農書』が有用樹木の植樹の要領から記述を始めていることは、山間地で著作された農書であることを端的に示している。江見は盆地底との標高差が二〇〇mほどの山地に囲まれており、今は山の斜面にはスギとヒノキの植林地と落葉広葉樹林（雑木林）が混在している。近世の江見では、山地斜面で有用樹を育てるのが、土地の性格に適応する生業であった。伐採した用材は、吉野川を経て吉井《よしい》川に流せば、瀬戸内海へ搬出できた。

『江見農書』の植樹に関わる諸技術の中から、ひとつ記述する。『江見農書』は、斜面に苗木を植えて、樹幹の下部を湾曲させ、堅い材質の木に育成する技術を記述している。『江見農書』はこの湾曲部を「アテ」と呼ぶ（写真3）。湾曲した樹幹を屋根横木の母屋《もや》の端や天井の梁《はり》に使えば、直材よりも加重への耐性が大きいとされている。『江見農書』の著作者はそれを知っていたのであろう。

『江見農書』は、多くの行数を費やして工芸作物の耕作技術を記述している。技術の内容に特筆すべきものはないが、ワタ・アブラナ・チャをはじめとして、いずれも栽培し加工した製品を域外へ搬出する商品作物である。

『江見農書』が記述する肥料の素材は人糞尿・油糟（油菜・胡麻・綿実）・鳥糞（鶏・鳩）・干鰯・飴糟・小麦糟・米糟・壁土・草・古莚《ふるむしろ》などで、農作物の種類と生育段階に応じて、肥汁《こやし》（液肥）・水肥（薄い液肥）・濁肥（濃い液肥）・くもし肥（堆肥）・焼肥・ひねり肥（土に押し入れる肥料）に調製したものを施用している。

『江見農書』は、稲穂の雌雄の見分け方（雌穂は穂軸最下段の枝穂が二股に分かれ、雄穂は穂軸最下段の枝穂が一本）と、ワタ株の雌雄を見分ける方法（苗の時に雌株は葉が対生で雄株は互生。雌株は直根が二本で雄株は直根が一本）を記述している。『江見農書』の著作年が一八二三～四（文政六～七）年であれば、枝穂または葉が対生か互生かで作物の雌雄を判別する方法の初見であるとされてきた『農業余話』（一八二八（文政一一）年、小西篤好[2]）と『草木撰種録』（一八二八（文政一一）年、宮負定雄[3]）より五年ほど早い。しかし、五年ほどの早晩は問題ではない。『江見農書』は、作物の雌雄説が街道を経て美作国まで流布していたことを示す史料なのである。

六　『江見農書』は地域に根ざした農書である

私はかつて、次の四つの条件を満たす「地域に根ざした農書」を使えば、地域固有の性格が明らかになると提唱したことがある[4]。

（一）農書の著者は長年の営農経験を有すること
（二）著者が言及する地域の範囲が明らかなこと

（三）その地域への普及を目的とするか、普及が可能なこと
（四）農作物の耕作法を記述していること
『江見農書』には序文・凡例・跋文が記載されていないので、（一）の条件を満たすかどうかを証明できないが、記述された農耕技術の内容をみる限り、著作者は長年の営農経験にもとづいて『江見農書』を記述したと、私は解釈したい。『江見農書』は、美作国江見で長年営農経験を積んだ人が、修得した技術を土地の人々に普及するために著作した、「地域に根ざした農書」なのである。

注

（1）神立春樹（一九八二）「徳山敬猛著『農業子孫養育草』（文政九年）について」『日本農書全集』29、農山漁村文化協会、三四五～三五九頁。
（2）小西篤好（一八二八）『農業余話』（田中耕司翻刻、一九七九、『日本農書全集』7、農山漁村文化協会、二一一～三八〇頁）。
（3）宮負定雄（一八二八）『草木撰種録』（川名登翻刻、一九七九、『日本農書全集』3、農山漁村文化協会、六五～七四頁）。
（4）有薗正一郎（一九八六）『近世農書の地理学的研究』、古今書院、六五～六八頁。

あとがき

二〇年ほど前のことです。私は扉に『稿本　江見農書』と書かれた和綴本を、東京の古書店で買いました。早速翻刻作業をおこないましたが、序文と凡例と跋文がないために、著作者名がわからず、原本なのか写本なのかもわからないうえに、「江見」とは地名だろうが、一体どこの「江見」なのかを特定できなかったので、本棚に眠らせたままにしていました。

それでも、この二〇年の間に『江見農書』のことを時々思い出しては、その履歴を調べたり、翻刻文を読みなおす作業をおこなってきました。これを繰返すうちに、「江見」とは岡山県の旧美作国東端に位置する場所だったことがわかりました。また『江見農書』は有用樹木の植樹の要領から書き始めていること、イネとワタの雌雄の見分け方を記述していることなど、個性を持つ史料であることもわかってきました。さらに、農山漁村文化協会が二〇年ほどかけて刊行した『日本農書全集』には、美作国の農耕技術の性格がわかる農書が収録されていないので、「山間地美作国の性格を反映する史料として、同学の皆さんに『江見農書』を紹介する意味はある」と、幾度か思ったものの、私は立ち上りませんでした。

『江見農書』の翻刻と現代語訳を刊行しようと思ったのは、昨年七月のことです。関西のある大学で集中講義をおこなったついでに、岡山県美作市作東町江見へ足をのばしました。そして、現地の地形と植生と土地利用を自分の目で確かめて、『江見農書』は美作国山間盆地の農耕技術の性格を説明していると確信しました。

翻刻文と現代語訳をワープロソフトで電子媒体に入力し始めたのが昨年秋、原稿ができたのは九か月後でした。私はここ二〇年ほど日曜百姓をして、農作物たちと語りあってきました。その経験が今回の現代語訳に役立ったように思います。

この分野に関心を持つ方々へ、本書が万分の一でもお役に立てばさいわいです。

なお、私は二〇一〇年二月に刊行される「愛大史学」一九号に、「美作国『江見農書』の耕作技術の性格」という表題の論文を掲載します。これを「読みたいが、入手が困難」と思われた方は、左記の電子メール住所へ送り先をご連絡ください。お届けいたします。

arizono@vega.aichi-u.ac.jp

二〇〇九年　白露

本書の刊行をひきうけていただいた㈱あるむ代表取締役の川角信夫さんと、編集を担当された古市民子さんに、心からお礼申し上げます。

本書は二〇〇九年度愛知大学学術図書出版助成金による刊行図書である。

【翻刻者紹介】
有薗 正一郎（ありぞの しょういちろう）

1948年　鹿児島市生まれ
専門は地理学。農書類が記述する近世の農耕技術を通して、地域の性格を明らかにする研究を35年続けてきた。
現在、愛知大学文学部教授。文学博士（立命館大学）
【主な著書等】『近世農書の地理学的研究』（古今書院）、『在来農耕の地域研究』（古今書院）、『近世東海地域の農耕技術』（岩田書院）、『農耕技術の歴史地理』（古今書院）、翻刻『農業時の栞』（『日本農書全集』第40巻、農山漁村文化協会）、『ヒガンバナが日本に来た道』（海青社）、『ヒガンバナの履歴書』（あるむ）、『近世庶民の日常食』（海青社）、『喰いもの恨み節』（あるむ）

江見農書　翻刻・現代語訳・解題

2009年11月17日　発行

著者＝有 薗 正 一 郎 ©

発行＝株式会社 あるむ
〒460-0012 名古屋市中区千代田3-1-12　第三記念橋ビル
Tel. 052-332-0861　Fax. 052-332-0862
http://www.arm-p.co.jp　E-mail: arm@a.email.ne.jp

印刷＝松西印刷　　製本＝中部製本

ISBN978-4-86333-018-4　C1061

愛知大学綜合郷土研究所ブックレット

A５判　定価840円（①のみ1050円）　発行＝あるむ